普通高等教育高职高专"十三五"规划教材

华为设备工程实践

主 编 钟文基 黎明明 苗志锋

U0238614

中国水利水电出版社
www.waterpub.com.cn
·北京·

内 容 提 要

本教材针对高职高专学生的认知特点以及高职高专教育的培养目标、特点和要求，以华为设备工程项目为主线，全面介绍了路由器与交换机的主要内容，完整地展示了交换机和路由器在企业网中的应用。全书共 8 个项目包括 eNSP 使用、某小型企业局域网网络项目、某木业集团企业局域网项目、某县公安局网络项目、某集团公司网络项目、某县人民医院网络项目、某电力电容器有限责任公司网络工程项目、某地风力发电厂网络项目。

本教材可作为高职高专计算机专业、物联网专业、通信工程专业等相关专业的路由和交换技术课程的教材，也可作为对计算机网络技术感兴趣的相关专业技术人员和广大自学者的参考书。

图书在版编目（C I P）数据

华为设备工程实践 / 钟文基，黎明明，苗志锋主编
. -- 北京 ： 中国水利水电出版社，2017.10
　普通高等教育高职高专"十三五"规划教材
　ISBN 978-7-5170-5968-4

Ⅰ．①华… Ⅱ．①钟… ②黎… ③苗… Ⅲ．①计算机网络－网络设备－高等职业教育－教材 Ⅳ．①TP393

中国版本图书馆CIP数据核字(2017)第259596号

书　　名	普通高等教育高职高专"十三五"规划教材 **华为设备工程实践** HUAWEI SHEBEI GONGCHENG SHIJIAN
作　　者	主　编　钟文基　黎明明　苗志锋
出版发行	中国水利水电出版社 （北京市海淀区玉渊潭南路 1 号 D 座　100038） 网址：www. waterpub. com. cn E - mail：sales@ waterpub. com. cn 电话：(010) 68367658（营销中心）
经　　售	北京科水图书销售中心（零售） 电话：(010) 88383994、63202643、68545874 全国各地新华书店和相关出版物销售网点
排　　版	中国水利水电出版社微机排版中心
印　　刷	三河市鑫金马印装有限公司
规　　格	184mm×260mm　16 开本　8 印张　189 千字
版　　次	2017 年 10 月第 1 版　2017 年 10 月第 1 次印刷
印　　数	0001—2000 册
定　　价	**22.00 元**

普通高等教育高职高专"十三五"规划教材之

计算机应用技术示范特色专业系列教材
编 委 会

本 书 编 写 人 员

主 编　钟文基　　　黎明明　　　苗志锋

副主编　谭皓元　　　陆 腾　　　邓智文

　　　　董 英　　　钟喜梅　　　邓丽萍

　　　　刘荣才　　　莫年发

主 审　吴丽萍

前言 QIANYAN

随着计算机技术和网络技术的迅速发展和日益普及，计算机网络已经成为人们生活的一个重要组成部分，培养大批熟练掌握网络技术的高端技能型人才是当前社会发展的迫切需求。路由和交换技术是实践性非常强的课程，要想掌握网络设备的配置及应用技术，必须以一定的理论知识为基础，以实际工程项目为依托，做到理论结合实践，才能取得理想的学习效果。

本教材编写的目的是为了改变传统教材以理论知识传播为主的模式，采用项目式编写和教学，全书共8个工程项目，每个项目都有具体的理论知识讲解和实践操作步骤演示，以真实的案例来阐释不同行业企业网络的组建和应用，以便更好地满足高职高专院校以就业为导向的技能型人才培养的需求。

本教材以华为ICT技术为基础，以华为网络设备的配置为例进行讲解。华为作为全球领先的信息与通信技术（ICT）解决方案供应商，专注于ICT领域，其产品和解决方案已经应用于全球170多个国家，服务全球运营商50强中的45家及全球1/3的人口。

本教材是普通高等教育高职高专"十三五"规划教材中的一本，由计算机应用技术示范特色专业及实训基地项目建设项目予以资助。本教材作为广西水利电力职业技术学院华为信息与网络学院项目建设成果，由广西水利电力职业技术学院和华为技术有限公司广西区金牌代理商广西星源天地电子科技有限公司共同编写，属于校企合作的结晶。本教材由广西水利电力职业技术学院钟文基、黎明明、苗志锋担任主编；由广西星源天地电子科技有限公司谭皓元、陆腾、邓智文，广西水利电力职业技术学院董英、钟喜梅、邓丽萍、刘荣才、莫年发等担任副主编；全书由吴丽萍主审。

由于计算机网络技术发展迅速，加之编者水平有限，教材中有疏漏和不妥之处在所难免，恳请广大读者和专家批评指正，编者电子邮箱：zhong@gxsdxy.cn。

编者
2017年8月

目录 MULU

eNSP 使 用

1.1 项 目 导 入

近些年来，针对越来越多的 ICT 从业者对真实网络设备模拟的需求，不同的 ICT 厂商开发出来了针对自家设备的仿真平台软件。但目前行业中推出的仿真平台软件普遍存在着仿真程度不够高、仿真系统更新不够及时、软件操作不够方便等一系列问题，这些问题也困扰着广大 ICT 从业者，同时也极大地影响了模拟真实设备的操作体验，降低了用户了解相关产品进行操作和配置的兴趣。

为了避免现行仿真软件存在的这些问题，华为公司研发出了一款界面友好、操作简单并且具备极高仿真度的数通设备模拟器——eNSP（Enterprise Network Simulation Platform）。这款仿真软件运行是物理设备的 VRP 操作系统，最大程度地模拟了真实的设备环境。可以利用 eNSP 模拟工程开局与网络测试，高效地构建企业优质的 ICT 网络。eNSP 支持对接真实设备，数据包的实时抓取，有助于深刻理解网络协议的运行原理，更好地进行网络技术的钻研和探索，很好地模拟路由交换的各种实验。本项目主要介绍 eNSP 模拟器的使用。

1.2 相 关 知 识 点

1.2.1 路由器

路由器（Router）工作在网络层，是目前连接互联网和局域网的主要网络设备，通过选择最佳路径顺序发送数据。路由器是互联网的枢纽，广泛应用于各种行业服务。经过近 20 年的研发积累以及全球市场的广泛应用，在全球路由器领域，华为可以提供业界领先的 IP 网络解决方案以及全系列的路由器产品。

路由器收到数据包后，会根据数据包中的目标 IP 地址选择一条最佳路径，并将数据包转发给下一个路由器，路径上最后的路由器负责将数据包送交目的主机。数据包在网络上的传输好像是体育运动中的接力赛一样，每一个路由器负责将数据包按照最优的路径向下一个路由器进行转发，通过多个路由器一站一站的接力，最终将数据包通过最佳路径转发到目的地。

路由器能够决定数据报文的转发路径。如果有多条路径可以到达目的地，则路由器会通过计算来决定最佳路径。计算的原则会随实际使用的路由协议不同而不同。如果实施了一些特别的策略路由，数据包通过的路径可能会随策略路由的规则而转发出去。

路由器转发数据包的关键是路由表。每个路由器中都保存着一张路由表，表中每条路由项都指明了数据包要到达某网络或某主机应通过路由器的哪个物理接口发送，以及可到达该路径的是哪个路由器，或者不再经过别的路由器直接到达目的地。

路由表中包含以下关键项：

（1）目的地址（Destination）用来标识 IP 包的目的地址或目的网络。

（2）网络掩码（Mask）通过 IP 地址和网络掩码进行逻辑与计算，可以得到相应的网段信息。如目的地址为 192.168.1.0，掩码为/24，相与后便得到一个 C 类的网段信息（192.168.1.0/8）。网络掩码的另一个作用是当路由表中有多条目的地址相同的路由信息时，路由器将选择其掩码最长的一项作为匹配项。

（3）输出接口（Interface）指明 IP 包所经由的下一个路由器的接口地址。

（4）下一跳地址（NextHop）指明 IP 包所经由的下一个路由器的接口地址。

1.2.2　交换机

交换机工作在数据链路层，用于在网络内进行数据转发。

1.2.2.1　交换机的工作原理

（1）交换机根据收到数据帧中的源 MAC 地址建立该地址同交换机端口的映射，并将其写入 MAC 地址表中。

（2）交换机将数据帧中的目的 MAC 地址同已建立的 MAC 地址表进行比较，再决定由哪个端口进行转发。

（3）如果数据帧中的目的 MAC 地址不在 MAC 地址表中，则向所有端口转发，这一过程称为泛洪（Flood）。

（4）广播帧和组播帧向所有的端口转发。

1.2.2.2　交换机的三个主要功能

（1）以太网交换机了解每一端口相连设备的 MAC 地址，并将地址同相应的端口映射起来存放在交换机缓存中的 MAC 地址表中。

（2）转发/过滤：当一个数据帧的目的地址在 MAC 地址表中有映射时，它被转发到连接目的节点的端口而不是所有端口（如果该数据帧为广播/组播帧则转发至所有端口）。

（3）消除回路：当交换机包括一个冗余回路时，以太网交换机通过生成树协议避免回路的产生，同时允许存在后备路径。

1.2.2.3　交换机的工作特性

（1）交换机的每一个端口所连接的网段都是一个独立的冲突域。

（2）交换机所连接的设备仍然在同一个广播域内，也就是说，交换机不隔绝广播（唯一的例外是在配有 VLAN 的环境中）。

（3）交换机依据帧头的信息进行转发，因此说交换机是工作在数据链路层的网络设备（此处所述交换机仅指传统的二层交换设备）。

1.2.2.4　交换机的分类

依照交换机处理帧时不同的操作模式，交换机主要可分为三类：

（1）直通式（Cut Through）。直通方式的以太网交换机可以理解为在各端口间纵横交叉的线路矩阵电话交换机。它在输入端口检测到一个数据包时，检查该包的包头、获取包的目的地址，启动内部的动态查找表转换成相应的输出端口，在输入与输出交叉处接通，把数据包直通到相应的端口，实现交换功能。由于不需要存储，延迟非常小、交换非常快，这是它的优点。

它的缺点是，因为数据包内容并没有被以太网交换机保存下来，所以无法检查所传送的数据包是否有误，不能提供错误检测能力。由于没有缓存，不能将具有不同速率的输入/输出端口直接接通，而且容易丢包。

（2）存储转发（Store & Forward）。存储转发方式是计算机网络领域应用最广泛的方式。它对输入端口的数据包进行检查，在对错误包处理后才取出数据包的目的地址，通过查找表转换成输出端口送出包。正因如此，存储转发方式在数据处理时延时大，这是它的不足。但是它可以对进入交换机的数据包进行错误检测，有效地改善网络性能，尤其重要的是它可以支持不同速度的端口间的转换，保持高速端口与低速端口间的协同工作。

（3）碎片隔离（Fragment Free）。这是介于前两者之间的一种解决方案。它检查数据包的长度是否够 64 个字节，如果小于 64 个字节，说明是假包，则丢弃该包；如果大于 64 个字节，则发送该包。这种方式也不提供数据校验。它的数据处理速度比存储转发方式快，但比直通式慢。

1.2.2.5 二层、三层、四层交换机

二层交换（也称为桥接）是基于硬件的桥接。基于每个末端站点的唯一 MAC 地址转发数据包。二层交换的高性能可以产生增加各子网主机数量的网络设计。其仍然有桥接所具有的特性和限制。

三层交换是基于硬件的路由选择。路由器和第三层交换机对数据包交换操作的主要区别在于物理上的实施。

四层交换的简单定义是数据包的传输不仅仅依据 MAC 地址（第二层交换）或源 IP 地址、目标 IP 地址（第三层路由）进行交换，还依据 TCP/UDP 端口地址（第四层地址）进行交换。也就是说第四层交换除了考虑三层的 IP 地址外还要考虑对端口地址的处理。因为不同的端口地址代表了不同的业务协议，所以第四层交换不仅仅进行了物理上的交换，还包括了业务上的交换。第四层交换的交换域是由源端和终端 IP 地址、TCP 和 UDP 端口共同决定，因此，第四层交换机是真正的"会话交换机"。

1.2.3 防火墙

防火墙（Firewall）是一种位于内部网络与外部网络之间的网络安全系统，是一项信息安全的防护系统，依照特定的规则，允许或限制传输的数据通过。与路由器相比，防火墙提供了更丰富的安全防御策略，提高了安全策略下数据报转发的效率。由于防火墙用于边界安全，因此往往兼备 NAT、VPN 功能。

1.2.3.1 防火墙的分类

防火墙分为包过滤防火墙、代理防火墙和状态检测防火墙。

（1）包过滤防火墙（Packet Filtering）利用定义的规则过滤数据包，防火墙直接获得数据包的源 IP 地址、目标 IP 地址、TCP/UDP 的源端口和目标端口。包过滤防火墙简单，但是缺乏灵活性，对一些动态协商端口没有办法设置规则。另外，包过滤防火墙对每个数据包都要进行策略检查，策略过多容易导致性能下降。

（2）代理型防火墙（Application Gateway）使得防火墙作为一个访问的中间节点，对

客户端（Client）来说防火墙是一个服务器（Server），对服务器（Server）来说防火墙是一个客户端（Client）。代理型防火墙安全性较高，但是开发代价很大。对每一种应用开发一个对应的代理服务是很难做到的，因此代理型防火墙不能支持很丰富的业务，只能针对某些应用提供代理支持。

（3）状态检测防火墙是一种高级通信过滤。它检查应用层协议信息并且监控基于连接的应用层协议状态。对于所有连接，每一个连接状态信息都将被维护并用于动态地决定数据包是否被允许通过防火墙或丢弃。

现在的防火墙主流产品都是状态检测防火墙，状态检测防火墙是一个高性能和高安全的完美结合。

1.2.3.2　防火墙的工作模式

防火墙有路由模式、透明模式和混合模式三种工作模式：

（1）工作在路由模式的防火墙就像路由器那样工作。防火墙的每个接口连接一个网络，防火墙的接口就是所连接子网的网关。报文在防火墙内首先通过入接口找到进入域信息，然后通过查找转发表，根据出接口找到出口域，再根据两个域确定域间关系，然后使用配置在这个域间关系上的安全策略进行各种操作。

（2）透明模式的防火墙简单理解可以被看作一台以太网交换机。防火墙的接口不能配置 IP 地址，这个设备处于现有的子网内部，对于网络中的其他设备，防火墙是透明的。报文转发的出接口，是通过查找桥接的转发表得到的。在确定域间之后，安全模块的内部仍然使用报文的 IP 地址进行各种安全策略的匹配。

（3）混合模式的防火墙是指防火墙一部分接口工作在透明模式，另一部分接口工作在路由模式。提出混合模式的概念，主要是为了解决防火墙在纯粹的透明模式下无法使用双机热备份功能的问题。双机热备份所依赖的 VRRP 需要在接口上配置 IP 地址，而透明模式无法实现这一点。

1.2.3.3　防火墙的安全区域

华为防火墙一般保留以下四个安全区域：

（1）非受信区（Untrust）：较低级别的安全区域，其安全优先级为 5。

（2）非军事化区（DMZ）：中度级别的安全区域，其安全优先级为 50。

（3）受信区（Trust）：较高级别的安全区域，其安全优先级为 85。

（4）本地区域（Local）：最高级别的安全区域，其安全优先级为 100。

如果有必要，用户还可以自行设置新的安全区域并定义其安全优先级别，最多可以设置 16 个安全区域。

域间的数据流分以下两个方向：

1）入方向（Inbound）：数据由低级别的安全区域向高级别的安全区域传输的方向。

2）出方向（Outbound）：数据由高级别的安全区域向低级别的安全区域传输的方向。

1.2.4　VRP 系统

VRP（Versatile Routing Platform），通用路由平台，是华为在通信领域多年的研究经验结晶，是华为所有基于 IP/ATM 构架的数据通信产品操作系统平台。运行 VRP 操作系统的华为产品包括路由器、局域网交换机、ATM 交换机、拨号访问服务器、IP 电话网关、电信级综合业务接入平台、智能业务选择网关，以及专用硬件防火墙等。VRP 是华为公司具有完全自主知识产权的网络操作系统，拥有一致的网络界面、用户界面和管理界面，为用户提供了灵活丰富的应用解决方案。

VRP 平台以 TCP/IP 协议栈为核心，实现了数据链路层、网络层和应用层的多种协议，在操作系统中集成了路由技术、QoS 技术、VPN 技术、安全技术和 IP 语音技术等数据通信要件，并以 IP 转发引擎（TurboEngine）技术作为基础，为网络设备提供了出色的数据转发能力。

随着网络技术和应用的飞速发展，VRP 平台在处理机制、业务能力、产品支持等方面也在持续演进。到目前为止，VRP 已经开发出了 VRP1、VRP2、VRP3、VRP5 和 VRP8 五个版本。

VRP5 是一款分布式网络操作系统，具有高可靠、高性能、可扩展的架构设计。目前，绝大多数华为设备使用 VRP5 版本。

VRP8 是新一代网络操作系统，具有分布式、多进程、组件化的架构，支持分布式应用合虚拟化技术，能够适应未来的硬件发展趋势和企业急剧膨胀的业务需求。

1.2.5 IP 地址

1.2.5.1 逻辑地址与物理地址

IP 地址是在 TCP/IP 模型的网络层中，用以标识网络中主机的逻辑地址。

逻辑地址，是与数据链路层的物理地址即硬件地址相对应的。

物理地址是 OSI 参考模型第二层数据链路层的地址，如 MAC 地址。它固化在网卡的硬件结构中，只要主机（或设备）的网卡不变，即使把该主机从一个网络移到另一个网络，从地球的一端移到另一端，该主机的 MAC 地址也是不变的。也就是说，MAC 地址是一种平面化的地址，不能提供关于主机所处的网络位置信息。

OSI 参考模型第三层及以上层所用的地址都可以成为逻辑地址。逻辑地址只是一个编号，计算机的逻辑地址不是固定的，而是可以任意更改的。如 IP 地址，它是 OSI 参考模型第三层网络层的地址，所以有时又被称为网络地址，该地址是随着主机（或设备）所处网络位置不同而变化的。如果把主机（或设备）从一个网络移到另一个网络，该主机的 IP 地址也会相应地发生改变。也就是说，IP 地址是一种结构化的地址，可以提供关于主机所处的网络位置信息。

逻辑地址和物理地址的关系有点类似于人的姓名和住址的关系。

1.2.5.2 IP 地址的结构与表示

IP 地址由 32 位二进制构成，分为网络号（又称网络 ID）和主机号（又称主机 ID）两部分。其中，网络号用于标识该主机所在的网络，而主机号则表示该主机在相应网络中的序号。正是因为网络号给出的网络位置信息，才使得路由器能够在通信子网中为 IP 数据包选择一条合适的传输路径。IP 地址结构，如图 1.1 所示。

图 1.1　IP 地址结构图

32 位的 IP 地址采用点分十进制表示，即 IP 地址分成四段 8 位二进制，采用四段十进制表示，各段十进制之间用点号隔开。

【例 1.1】　某 IP 地址为 11000000 10101000 00000001 00000001，使用点分十进制表示为 192.168.1.1。

1.2.5.3　IP 地址的分类

IP 地址被分为 A、B、C、D、E 五类，其中 A、B、C 类用于普通的主机地址，D 类用于提供网络组播服务或作为网络测试，E 类保留给未来扩充使用，如图 1.2 所示。

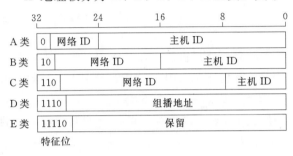

图 1.2　IP 地址的分类

1.2.5.4　默认子网掩码

子网掩码又称子网屏蔽码，用 32 位二进制表示，用来识别 IP 地址的网络号。

子网掩码是按照整个 IP 地址的位模式使用的，其中网络号部分各位全为 1，主机号部分各位全为 0。实际使用时，子网掩码也采用 4 位十进制表示。

A、B、C 三类网络的标准默认掩码见表 1.1。

表 1.1　　　　　　　　　A、B、C 三类 IP 地址的子网掩码

类别	二进制表示的默认子网掩码	十进制表示的默认子网掩码
A	11111111.00000000.00000000.00000000	255.0.0.0
B	11111111.11111111.00000000.00000000	255.255.0.0
C	11111111.11111111.11111111.00000000	255.255.255.0

子网掩码在计算 IP 地址的网络号中使用。把 IP 地址跟子网掩码按位相与，结果为该 IP 地址的网络号。

【例 1.2】　有 IP 地址为 192.168.0.2，子网掩码为 255.255.255.0，求该 IP 的网络号。

解：把 IP 地址和子网掩码转换为二进制，然后按位相与求得：

$$11000000\ 10101000\ 00000000\ 00000010$$

按位相与　11111111 11111111 11111111 00000000

$$11000000\ 10101000\ 00000000\ 00000000$$

所以该 IP 的网络号为 11000000 10101000 00000000 00000000，转换为点分十进制表示为：192.168.0.0。

1.2.5.5　特殊 IP 地址

（1）主机位全为 0 的 IP 地址表示该 IP 网络，不能分配给主机使用，如 192.168.0.0。

（2）主机位全为 1 的 IP 地址表示该 IP 网络的广播地址，不能分配给主机使用，如 192.168.0.255。

（3）网络位全为 0 的 IP 地址表示主机号。

（4）A 类 IP 网络 127.0.0.0 用于 TCP/IP 协议的环回测试，不能分配给主机使用，如 127.0.0.1。

1.2.5.6 私有 IP 地址

在 IP 地址资源中，还保留了一部分被称为私有地址（Private Address）的地址资源供局域网内部实现 IP 网络时使用。

所有以私有地址为目标地址的 IP 数据包都不能被路由至外面的因特网上，这些以私有地址作为逻辑标识的主机若要访问外面的因特网，必须采用网络地址翻译（Network Address Translation，NAT）或应用代理（Proxy）方式。

私有地址分为三类：

(1) A 类网络为 10.0.0.0。

(2) B 类网络为 172.16.0.0～172.31.0.0。

(3) C 类网络为 192.168.0.0～192.168.255.0。

1.2.5.7 IP 地址的计算

IP 地址的计算主要应用有两种：判断 IP 地址的网络类别和判断两个 IP 地址是否在同一 IP 网络。

(1) 判断 IP 地址的网络类别。

方法：把 IP 地址最左边的十进制数为转换为二进制数，根据最高位的特征判断。

【例 1.3】 请判断 IP 地址 138.11.22.33 属哪类 IP 地址？它的默认子网掩码是什么？

解： $(138)_{10} = (10001010)_2$

因为该 IP 地址的特征位为 10，所以该 IP 属 B 类地址，默认子网掩码为 255.255.0.0。

(2) 判断两个 IP 地址是否在同一 IP 网络。只有 IP 地址在同一 IP 网络（即网络号相同）的主机才能直接通信，不同 IP 网络的主机必须经过路由器转发才能通信。用来向其他 IP 网络转发数据的路由器地址称为缺省网关。

方法：把 IP 地址跟子网掩码按位相与，结果为网络号。网络号相同的 IP 地址表示在同一网络。

【例 1.4】 有两台主机，它们的 IP 地址分别是 201.1.2.3 和 201.1.3.3，使用默认子网掩码，请问它们能直接通信吗？

解： $(201)_{10} = (11001001)_2$

因为该 IP 地址的特征位为 110，所以该 IP 属 C 类地址，默认子网掩码为 255.255.255.0。

```
              11001001 00000001 00000010 00000011
按位相与       11111111 11111111 11111111 00000000
              ─────────────────────────────────────
              11001001 00000001 00000010 00000000
```

即 IP 地址 201.1.2.3 的网络号为 201.1.2.0。

```
              11001001 00000001 00000011 00000011
按位相与       11111111 11111111 11111111 00000000
              ─────────────────────────────────────
              11001001 00000001 00000011 00000000
```

即 IP 地址 201.1.3.3 的网络号为 201.1.3.0。

因为两台主机的 IP 地址的网络号不相同，所以它们不能直接通信。

1.2.5.8 IP 地址的四要素

给主机设置 IP 地址时，必须同时设置子网掩码，以明确该主机从属的 IP 网络。所以

IP 地址和子网掩码是成对使用的。

设置好 IP 地址和子网掩码两个要素之后，只要主机 IP 地址的网络号相同，就可以保证主机在局域网内通信了。

当主机需要跟其他网络（如 Internet）通信时，必须通过路由器对数据进行转发，该路由器称为网关。这时，必须在主机的 IP 地址设置中添加上网关的地址才能实现与其他网络通信，称为缺省网关。缺省网关为 IP 地址的第三要素。

虽然在 TCP/IP 网络（如 Internet）中是使用 IP 地址进行通信的，但 IP 地址不方便记忆，所以人们引入了方便记忆的域名。把域名解释为 IP 地址成为域名服务（DNS），IP 的第四要素即为 DNS 服务器。

1.3　项　目　实　施

1.3.1　安装 eNSP

（1）打开 eNSP 安装包——单击"安装 eNSP"——选择"中文简体"——"确定"，如图 1.3 所示。

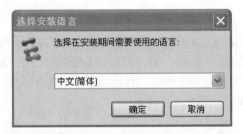

图 1.3　安装 eNSP

（2）单击"下一步"按钮安装即可，如图 1.4 所示。

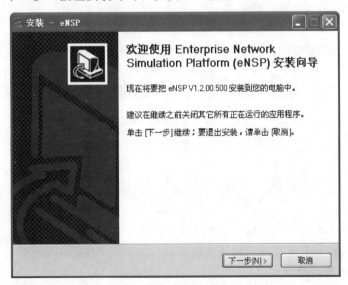

图 1.4　eNSP 过程

（3）保持默认选择，单击"下一步"，如图1.5所示。

图1.5 eNSP安装位置

（4）在选择安装其他程序框中，为了更好地使用eNSP的功能，建议把所有选项均选中，如图1.6所示。

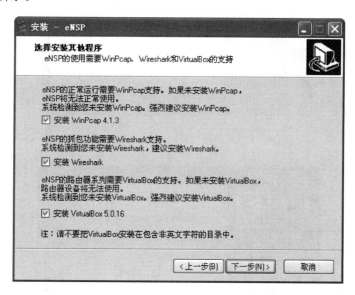

图1.6 eNSP组件安装

（5）保持默认单击"下一步"，安装过程进行中请耐心等待，如图1.7所示。

（6）在稍后弹出的组件安装中，单击"Next"依次安装，如图1.8所示。

（7）保持默认单击"下一步"，直到安装结束，如图1.9所示。

（8）安装后的界面，如图1.10所示。

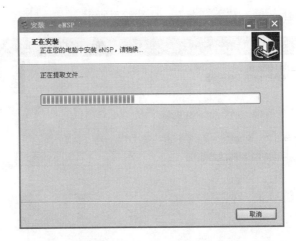

图 1.7 eNSP 安装过程

图 1.8 eNSP 组件 VirtualBox 安装

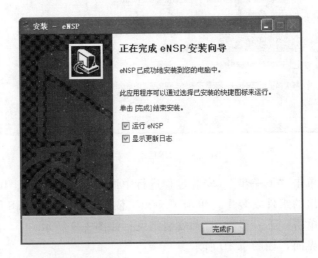

图 1.9 eNSP 安装完成

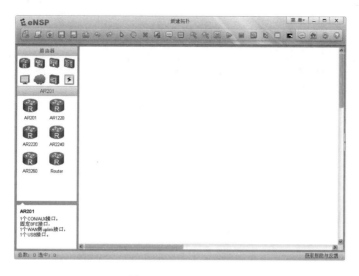

图 1.10　eNSP 界面

1.3.2　使用 eNSP 组建小型网络项目

（1）选择路由器设备后，再下方的设备窗口选择合适的路由器拖到工作区，就添加了一个路由器设备，如图 1.11 所示。

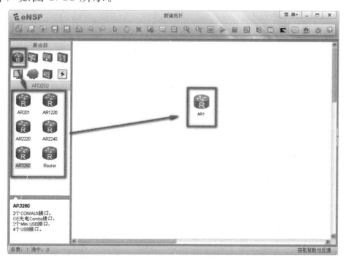

图 1.11　添加路由器

（2）同样方法，添加交换机、PC 机设备，如图 1.12 所示。

（3）选择合适的线缆，把刚拖进工作区的路由器、交换机、PC 机连接起来，此处我们选择自动选择线缆，如图 1.13 所示。

（4）启动设备，如图 1.14 所示。

（5）设备全部启动完毕后，端口指示灯变为绿色。

（6）在需要配置的路由器或者交换机上，单击右键，选择"CLI"，就可以配置设备了，如图 1.15 所示。

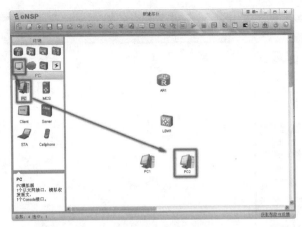

图 1.12 添加交换机、PC 机

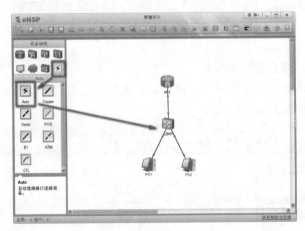

图 1.13 用线缆连接设备

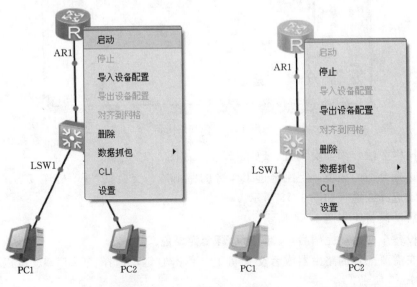

图 1.14 启动设备 图 1.15 通过 CLI 配置路由器

（7）CLI 命令配置界面，如图 1.16 所示。

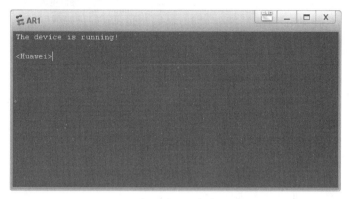

图 1.16　路由器 CLI 命令配置界面

（8）在计算机上单击右键，选择"设置"，在弹出的窗口中就可以进行 PC 机的设置，如图 1.17 所示。

图 1.17　PC 机设置

1.3.3　熟悉 VRP 基本操作

1.3.3.1　不同视图的切换

不同视图的切换，如图 1.18 所示。

- 用户视图：设备启动后的缺省视图，可查看启动后基本运行状态和统计信息。
- 系统视图：配置系统全局通用参数的视图。
- 路由协议视图：配置路由协议参数的视图。
- 接口视图：配置接口参数的视图。
- 用户界面视图：配置登录设备的各个用户属性的视图。

1.3.3.2　命令级别

不同用户级别允许使用的命令见表 1.2。

- 访问级（0 级）：网络诊断工具命令、从本设备出发访问外部设备的命令。

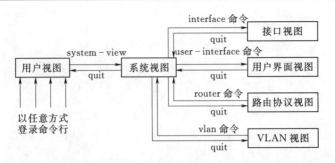

图 1.18　不同视图的切换

- 监控级（1级）：用户系统维护、业务故障诊断的命令。
- 系统级（2级）：业务配置命令。
- 管理级（3级）：关系到系统基本运行，系统支撑模块的命令。

表 1.2　　　　　　　　　不同用户级别允许使用的命令

用户级别	允许使用的命令级别
0	访问级
1	访问级、监控级
2	访问级、监控级、系统级
3	访问级、监控级、系统级、管理级

1.3.3.3　基本的命令操作

（1）路由器基本操作：

- 进入路由器后，是位于用户视图，该视图只能完成一些基本的命令：＜Huawei＞。
- 从用户视图切换到系统视图：输入 system 或者简写 sys。
- 从系统视图切换到接口视图（假设是 s0/0 接口）：输入 interface s0/0。
- 从一个视图返回到上级视图：quit。
- 配置路由器接口地址（在接口视图下）：ip address 1.1.1.1 24。
- 查看当前路由器配置：dis current。
- 查看已经保存的启动配置：dis saved – config。
- 查看路由器的版本信息：dis version。
- 更改路由器的名字：sysname。
- 清除路由器现有的配置：reset save。
- 重新启动路由器：reboot。
- 设置路由器的系统时间：clock。
- 保存配置：save。
- 查看接口状态：dis interface。
- 配置静态路由协议：ip route – static 192.168.1.0 24 172.16.1.253。
- 配置默认路由协议：ip route – static 0.0.0.0 0 172.16.2.253。
- 查看路由表：dis ip route。

- 查看路由器负载（CPU 使用情况）：dis cpu。
- 取消已经配置的命令：undo ××××，××××为先前配置的命令。

（2）VLAN 及相关配置：

- 显示所有交换机端口：dis cur interface。
- 进入交换机端口（假设是 E0/0/3）：interface e0/0/3。
- 交换机端口描述：description。
- 交换机端口双工设置：duplex。
- 交换机端口速度设置：speed。
- 交换机端口流控设置：flow – control。
- 交换机端口聚合设置：（将 e0/0/1 和 e0/0/3 端口配置为一个聚合组）：

Link – aggregation e0/0/1 to e0/0/3 both

- 查看端口 5 状态：dis interface e0/0/5。
- 新建 VLAN：（假如新建立 VLAN 3）vlan 3。
- 将端口划入 VLAN：（将 e0/0/4 划入 VLAN 3）。

Interface e0/0/4

　　Port link – type access

　　Port default vlan 3

- 删除 VLAN：undo vlan 3。
- 为 VLAN 增加描述：description。
- 设置端口 5 为 TRUNK 口，并允许通过所有 VLAN：

Interface e0/0/5

　　Port link – type trunk

　　Port trunk permit vlan all

- 为 VLAN 5 设置 IP 地址：

Interface vlan – interface 5

　　ip address 5.5.5.5 24

- 查看 VLAN 配置：dis vlan。
- 查看 VLAN 接口状态：dis interface vlan – interface。
- nat 配置（路由器或防火墙上）：

nat address – group 1 202.38.160.100 202.38.160.105　　# 定义公网地址池

acl number 2001　　# 定义要 NAT 的私网网段

　　rule permit source 10.110.10.0 0.0.0.255　　# 允许 10.110.10.0/24 网段地址转换

　　　　quit

interface serial 3/0/0

　　nat outbound 2001 address – group 1　在路由器的外网口进行 NAT

如果没有多余的公网地址池，则在接口上采用：

Int s0/3/0

　　nat outbound 2001 直接复用外网口的地址进行 NAT

- **给交换机设置管理地址（假设 VLAN 1 是管理 VLAN）。**

Interface vlan – interface 1

　　Ip address 172.16.1.2 24　♯配置管理 IP 地址

- **设置交换机远程管理用户和口令。**

Local – user huawei　♯创建账号

　　password simple huawe　♯设置密码

　　service – type telnet level 3　♯设置权限

user – interface vty 0 4　♯配置本地或远端用户名和口令认证

　　authentication – mode scheme　♯配置本地 TELNET 用户，用户名为"huawei"，密码为"huawei"，权限为最高级别 3(缺省为级别 1)

某小型企业局域网网络项目

2.1 项 目 导 入

信息化浪潮风起云涌的今天，企业内部网络的建设已经成为提升企业核心竞争力的关键因素。企业网已经越来越多地被人们提到，利用网络技术，现代企业可以在供应商、合作伙伴、员工之间实现优化的信息沟通。这直接关系到企业能否获得关键竞争优势。近年来越来越多的企业都在加快建设自身信息网络，而其中绝大多数都是中小型企业。

中小型企业局域网通常规模较小，结构相对于简单，对性能的要求则因应用的不同而差别较大。许多中小企业技术人员较少，因而对网络的依赖性很高，要求网络尽可能简单、可靠、易用，可降低网络的使用和维护成本、提高产品的性能价格比就显得尤为重要。

2.2 相 关 知 识 点

2.2.1 NAT 地址转换

2.2.1.1 NAT 诞生的背景

在网络中，IP 地址有公有地址和私有地址两种。公有 IP 地址是指在因特网上全球唯一的 IP 地址，所有的公有地址都必须在所属地域 Internet 注册管理机构（RIR）注册，企业从 ISP 租用公有地址。只有公有地址的注册拥有者才能将该地址分配给网络设备。随着接入 Internet 的计算机数量的不断猛增，IP 地址资源也就愈加显得捉襟见肘。

由于公有 IP 地址资源有限，一般在我们企业环境中，使用的都是私有 IP 地址。

RFC 1918 为私有网络预留出了三类 IP 地址块，具体如下：

（1）A 类为 10.0.0.0～10.255.255.255。

（2）B 类为 172.16.0.0～172.31.255.255。

（3）C 类为 192.168.0.0～192.168.255.255。

上述三个范围内的地址不会在因特网上被分配，因此可以不必向 ISP 或注册中心申请而可以在公司或企业内部自由使用。

私有 IP 地址是无法直接访问公网资源的，这时我们就需要用到 NAT 服务。网络地址转换（NAT）将内部私有地址转换为一个或多个公有地址，以便在 Internet 上路由。执行 NAT 功能的网络设备（如路由器、防火墙等）将每个数据包内的私有地址更改为公开注册的公有 IP 地址，然后将数据包发送到 Internet 上。

NAT 服务用于将一个地址段映射到另一个地址段，即可通过 NAT 把内网地址（私有地址）转换成合法的公网 IP 地址，以便内网地址访问公网。

2.2.1.2 NAT 的类型

NAT 的实现方式有静态转换（Static Nat）、动态转换（Dynamic Nat）和端口多路复用（OverLoad）三种。

静态转换是指将内部网络的私有 IP 地址转换为公有 IP 地址，IP 地址对是一对一的，是一成不变的，某个私有 IP 地址只转换为对应的公有 IP 地址。借助于静态转换，可以实现外部网络对内部网络中某些特定设备（如服务器）的访问。

动态转换是指将内部网络的私有 IP 地址转换为公用 IP 地址时，IP 地址是不确定的，是随机的，所有被授权访问上 Internet 的私有 IP 地址可随机转换为任何指定的合法 IP 地址。也就是说，只要指定哪些内部地址可以进行转换，以及用哪些合法地址作为外部地址时，就可以进行动态转换。动态转换可以使用多个合法外部地址集。当 ISP 提供的合法 IP 地址略少于网络内部的计算机数量时可以采用动态转换的方式。

端口多路复用（Port Address Translation，PAT）是指改变外出数据包的源端口并进行端口转换，即端口地址转换（Port Address Translation，PAT)采用端口多路复用方式。内部网络的所有主机均可共享一个合法外部 IP 地址实现对 Internet 的访问，从而可以最大限度地节约 IP 地址资源。同时，又可隐藏网络内部的所有主机，有效避免来自 Internet 的攻击。因此，目前网络中应用最多的就是端口多路复用方式。

2.2.1.3 NAT 的基本配置

（1）静态 NAT 配置。静态 NAT 为一对一并不能节省 IP 地址，而是为了让映射内网的服务器。现有两个公网地址 202.106.1.1/32 和 202.106.1.2/32；内网 PC 机的私有地址为 192.168.10.254/24 和 192.168.20.254/24，则路由器 R1 的静态 NAT 配置为

```
<R1>system - view
[R1]int g0/0/0
[R1 - GigabitEthernet0/0/0]nat static global 202.106.1.1 inside 192.168.10.254   #将这个公网地址映射到内部
IP 为:192.168.10.254 的主机也就是 PC1
[R1 - GigabitEthernet0/0/0]nat static global 202.106.1.2 inside 192.168.20.254   #同上映射到 PC2
```

（2）动态 NAT 配置。动态 NAT 是在出口路由器上做了一个地址池，内网 PC 机访问外网时会从地址池内获取一个公网 IP。地址池内有多少个公网 IP，同一时刻只能有多少个内网 PC 机能上网。

现有以下公网地址：202.106.1.0/24；内网 PC 机的私有地址子网为：192.168.10.0/24 192.168.20.0/24，则路由器 R1 的动态 NAT 配置：

```
[R1]nat address - group 1 202.106.1.1 202.106.1.254   #创建一个 NAT 地址池
[R1]acl 2000   #定义一个访问控制列表
[R1 - acl - basic - 2000]rule permit source 192.168.10.0 0.0.0.255   #允许 192.168.10.0/24 的子网
[R1 - acl - basic - 2000]rule permit source 192.168.20.0 0.0.0.255   #允许 192.168.10.0/24 的子网
[R1 - acl - basic - 2000]quit
[R1]interface g0/0/0
[R1 - GigabitEthernet0/0/0]nat outbound 2000 address - group 1 no - pat   #将 ACL 与地址池关联,no - pat 表示
```

不可反复使用

（3）PAT 配置。PAT 是将一个公网地址反复使用，所有主机都通过它来上网。

现有一个公网地址 202.106.1.1/29；内网 PC 的私有地址子网为：192.168.10.0/24 192.168.20.0/24，则路由器 R1 的 PAT 配置：

［R1］nat address - group 1 202.106.1.1 202.106.1.1　♯创建一个地址池

［R1］acl 2000　　　♯定义一个访问控制列表

［R1 - acl - basic - 2000］rule permit source 192.168.10.0 0.0.0.255　♯匹配地址

［R1 - acl - basic - 2000］rule permit source 192.168.20.0 0.0.0.255　♯匹配地址

［R1 - GigabitEthernet0/0/0］nat outbound 2000 address - group 1　♯将 ACL 与地址池关联

现有一个公网没有 IP 只有一个外网口 G0/0/0IP：12.0.0.1；内网 PC 的私有地址子网为：192.168.10.0/24 192.168.20.0/24，则路由器 R1 的 PAT 配置：

［R1］acl 2000　　　♯定义一个访问控制列表

［R1 - acl - basic - 2000］rule permit source 192.168.10.0 0.0.0.255　♯匹配地址

［R1 - acl - basic - 2000］rule permit source 192.168.20.0 0.0.0.255　♯匹配地址

［R1］interface g0/0/0

［R1 - GigabitEthernet0/0/0］ip address 12.0.0.1 24

［R1 - GigabitEthernet0/0/0］nat outbound 2000　　　♯反复使用当前接口地址

（4）静态端口映射配置。在 PAT 的基础上输入如下命令：

［R1 - GigabitEthernet0/0/0］nat static protocol tcp global current - interface telnet inside 192.168.1.10 telnet　♯将当前接口的 23 端口映射到 192.168.1.10 的 23 端口,这里输入端口号或者协议都可以

实现效果如图 2.1 所示。

```
<R2>telnet 12.0.0.1 23   端口号
  Press CTRL_] to quit telnet mode
  Trying 12.0.0.1 ...
  Connected to 12.0.0.1 ...


Login authentication


Password:
Info: The max number of VTY users is 5, and the number
     of current VTY users on line is 1.
     The current login time is 2015-07-11 15:40:51.
<SW1>
<SW1>
```

图 2.1　映射端口 23 测试

［R1 - GigabitEthernet0/0/0］nat static protocol tcp global current - interface 1212 inside 192.168.1.20 telnet　♯将当前接口的 1212 端口映射到 192.168.1.20 的 23 端口

实现效果如图 2.2 所示。

```
<R2>telnet 12.0.0.1 1212 端口号
  Press CTRL_] to quit telnet mode
  Trying 12.0.0.1 ...
  Connected to 12.0.0.1 ...


Login authentication


Password:
Info: The max number of VTY users is 5, and the numbe
      of current VTY users on line is 1.
      The current login time is 2015-07-11 15:42:57.
<SW2>
<SW2>
<SW2>
```

图 2.2　映射端口 1212 测试

2.2.2　静态路由

2.2.2.1　静态路由定义

静态路由是指用户或网络管理员手工配置的路由信息。当网络的拓扑结构或链路的状态发生变化时，网络管理员需要手工去修改路由表中相关的静态路由信息。静态路由信息在缺省情况下是私有的，不会传递给其他的路由器。通过配置静态路由，网络工程师可以人为的指定对某一网络访问时所要经过的路径。

在以下场合中，静态路由还是很有用的：①网络规模小，而且很少变化，或者没有冗余链路；②企业网有很多小的分支机构，并且只有一条路径到达网络的其他部分；③企业想要将数据包发送到互联网主机上，而不是企业网络的主机上。

2.2.2.2　配置代码

命令格式：

　　[R1] ip route-static 10.10.100.0 24 192.168.1.1　 ♯这条命令的意思就是到10.10.100.0/24这个段的访问下一跳地址是192.168.1.1

在实际中，有可能某条路由失效，但是还有别的路径可以走，可以配置备份静态路由，通过调整优先级参数实现，如：

　　[R1] ip route-static 10.10.100.0 24 192.168.2.1 preference 100　 ♯配置静态路由的优先级,起备份链路的作用

2.2.3　默认路由

2.2.3.1　默认路由定义

默认路由是一种特殊的静态路由，指的是当路由表中与包的目的地址之间没有匹配的表项时路由器能够做出的选择。如果没有默认路由，那么目的地址在路由表中没有匹配表项的包将被丢弃。默认路由在某些时候非常有效，当存在末梢网络时，默认路由会大大简化路由器的配置，减轻管理员的工作负担，提高网络性能。

2.2.3.2　配置代码

命令格式：

[R1] ip route – static 0.0.0.0　0　10.0.0.1　＃配置默认路由

在实际中，有可能默认路由失效，但是还有别的路径可以走，可以配置备份默认路由，通过调整优先级参数实现，如：

[R1] ip route – static 0.0.0.0 0 10.0.12.2 preference 100　＃配置默认备份路由

2.2.4　DHCP

2.2.4.1　DHCP 的作用

DHCP（Dynamic Host Configuration Protocol，动态主机配置协议）是一个应用层协议，通常被应用在大型的局域网络环境中，主要作用是集中管理、分配 IP 地址，使网络环境中的主机动态的获得 IP 地址、Gateway 地址、DNS 服务器地址等信息，并能够提升地址的使用率。

IP 地址是每台计算机必须配置的参数，可以采用静态手工输入或自动获取的方式向 DHCP 服务器获取。手工设置的方式比较容易出错，而且出错时不易找出问题。与此相反，DHCP 服务器能够从预先设置的 IP 地址池里自动给主机分配 IP 地址，它不仅能够保证 IP 地址不会重复分配，也能及时回收 IP 地址以提高 IP 地址的利用效率。

2.2.4.2　DHCP 的工作原理

DHCP 的前身是 BOOTP 协议（Bootstrap Protocol），BOOTP 被创建出来为连接到网络中的设备自动分配地址，后来被 DHCP 取代了，DHCP 比 BOOTP 更加复杂，功能更强大。其工作原理可归结如下。

1. 寻找 DHCP Server

当 DHCP 客户机第一次登录网络的时候（也就是客户机上没有任何 IP 地址数据时），它会通过 UDP 67 端口向网络上发出一个 DHCPDISCOVER 数据包（包中包含客户机的 MAC 地址和计算机名等信息）。因为客户机还不知道自己属于哪一个网络，所以封包的源地址为 0.0.0.0，目标地址为 255.255.255.255，然后再附上 DHCP discover 的信息，向网络进行广播。

DHCP discover 的等待时间预设为 1s，也就是当客户机将第一个 DHCP discover 封包送出去之后，在 1s 之内没有得到回应的话，就会进行第二次 DHCP discover 广播。若一直没有得到回应，客户机会将这一广播包重新发送四次（以 2s、4s、8s、16s 为间隔，加上 1～1000ms 随机长度的时间）。如果都没有得到 DHCP Server 的回应，客户机会从 169.254.0.0/16 这个自动保留的私有 IP 地址中选用一个 IP 地址。并且每隔 5min 重新广播一次，如果收到某个服务器的响应，则继续 IP 租用过程。

2. 提供 IP 地址租用

当 DHCP Server 监听到客户机发出的 DHCP discover 广播后，它会从那些还没有租出去的地址中，选择最前面的空置 IP，连同其他 TCP/IP 设定，通过 UDP 68 端口响应给客户机一个 DHCP OFFER 数据包（包含 IP 地址、子网掩码、地址租期等信息）。此时还是使用广播进行通信，源 IP 地址为 DHCP Server 的 IP 地址，目标地址为 255.255.255.255。同时，DHCP Server 为此客户保留它提供的 IP 地址，从而不会为其他 DHCP 客户分配此 IP 地址。

由于客户机在开始的时候还没有 IP 地址，所以在其 DHCP discover 封包内会带有其 MAC 地址信息，并且有一个 XID 编号来辨别该封包，DHCP Server 响应的 DHCP OF-FER 封包则会根据这些资料传递给要求租约的客户。

3. 接受 IP 租约

如果客户机收到网络上多台 DHCP 服务器的响应，只会挑选其中一个 DHCP OFFER（一般是最先到达的那个），并且会向网络发送一个 DHCP REQUEST 广播数据包（包含客户端的 MAC 地址、接受的租约中的 IP 地址、提供此租约的 DHCP 服务器地址等），告诉所有 DHCP Server 它将接受哪一台服务器提供的 IP 地址，所有其他的 DHCP 服务器撤销它们的提供以便将 IP 地址提供给下一次 IP 租用请求。此时，由于还没有得到 DHCP Server 的最后确认，客户端仍然使用 0.0.0.0 为源 IP 地址，255.255.255.255 为目标地址进行广播。

事实上，并不是所有 DHCP 客户机都会无条件接受 DHCP Server 的 OFFER，特别是如果这些主机上安装有其他 TCP/IP 相关的客户机软件。客户机也可以用 DHCP RE-QUEST 向服务器提出 DHCP 选择，这些选择会以不同的号码填写在 DHCP Option Field 里面。客户机可以保留自己的一些 TCP/IP 设定。

4. 租约确认

当 DHCP Server 接收到客户机的 DHCP REQUEST 之后，会广播返回给客户机一个 DHCP ACK 消息包，表明已经接受客户机的选择，并将这一 IP 地址的合法租用以及其他的配置信息都放入该广播包发给客户机。

客户机在接收到 DHCP ACK 广播后，会向网络发送三个针对此 IP 地址的 ARP 解析请求以执行冲突检测，查询网络上有没有其他机器使用该 IP 地址；如果发现该 IP 地址已经被使用，客户机会发出一个 DHCP DECLINE 数据包给 DHCP Server，拒绝此 IP 地址租约，并重新发送 DHCP discover 信息。此时，在 DHCP 服务器管理控制台中，会显示此 IP 地址为 BAD _ ADDRESS。

如果网络上没有其他主机使用此 IP 地址，则客户机的 TCP/IP 使用租约中提供的 IP 地址完成初始化，从而可以和其他网络中的主机进行通信。

5. DHCP 客户机租期续约

客户机会在租期过去 50% 的时候，直接向为其提供 IP 地址的 DHCP Server 发送 DHCP REQUEST 消息包。如果客户机接收到该服务器回应的 DHCP ACK 消息包，客户机就根据包中所提供的新的租期以及其他已经更新的 TCP/IP 参数，更新自己的配置，IP 租用更新完成。如果没有收到该服务器的回复，则客户机继续使用现有的 IP 地址，因为当前租期还有 50%。

如果在租期过去 50% 的时候没有更新，则客户机将在租期过去 87.5% 的时候再次向为其提供 IP 地址的 DHCP 联系。如果还不成功，到租约的 100% 时候，客户机必须放弃这个 IP 地址，重新申请。如果此时无 DHCP 可用，客户机会使用 169.254.0.0/16 中随机的一个地址，并且每隔 5min 再进行尝试。

2.2.4.3 基本的 DHCP 服务配置

（1）DHCP 服务的配置命令如下：

［Huawei］dhcp enable ♯开启 DHCP 功能

［Huawei］interface vlanif 1 ♯进入 VLANIF 1 接口视图

［Huawei‐Vlanif1］ip address 192.168.1.1 24 ♯配置 VLANIF 接口的 IP 地址

［Huawei‐Vlanif1］dhcp select global ♯能接口的 DHCP 服务功能,指定 DHCP 服务器从全局地址池分配地址(可以加在接口或 VLAN 下)

［Huawei‐Vlanif1］quit ♯离开当前视图

［Huawei］ip pool gxsdxy ♯进入全局地址池 gxsdxy

［Huawei‐ip‐pool‐gxsdxy］network 192.168.1.0 mask 255.255.250.0 ♯配置地址池下的 IP 地址范围

［Huawei‐ip‐pool‐gxsdxy］gateway‐list 192.168.1.1 ♯配置 DHCP 的网关

［Huawei‐ip‐pool‐gxsdxy］dns‐list 114.114.114.114 8.8.8.8 ♯配置主 DNS 和备份 DNS

（2）可选配置如下：

［Huawei‐ip‐pool‐gxsdxy］lease day 1 hour 1 minute 1 ♯配置 IP 地址租期,此配置为一天一小时一分钟,默认为一天,unlimited 为无限

［Huawei‐ip‐pool‐gxsdxy］domain‐name ××× ♯配置分配给 DHCP 客户端的 DNS 域名后缀(可选中的可选)

［Huawei‐ip‐pool‐gxsdxy］excluded‐ip‐address 192.168.1.100 192.168.1.254

［Huawei‐ip‐pool‐gxsdxy］excluded‐ip‐address 192.168.1.1 ♯配置地址池中不参与自动分配的 IP 地址,多次执行该命令,可以配置多个不参与自动分配的 IP 地址段

［Huawei‐ip‐pool‐gxsdxy］static‐bind ip‐address 172.16.35.253 mac‐address 28d2‐4469‐5a55 ♯当一个用户需要固定的 IP 地址时,可以将地址池中没有在使用的 IP 地址与用户的 MAC 地址绑定

2.2.4.4 DHCP 中继配置

当客户端与 DHCP 服务器不在同一网段时，通过在 DHCP 中继设备转发客户端到 DHCP 服务器的请求。

［Huawei］dhcp enable ♯开启 DHCP 功能

［Huawei］interface vlanif 1 ♯ VLANIF 1 接口视图

［Huawei‐Vlanif1］ip address 192.168.1.1 mask 24 ♯VLANIF 接口的 IP 地址

［Huawei‐Vlanif1］dhcp select relay ♯启动 VLANIF 接口的 DHCP 中继功能,请在作为 DHCP 中继的设备上进行以下配置

［Huawei‐Vlanif1］dhcp server group group‐name ♯创建 DHCP 服务器组并进入 DHCP 服务器组视图

［Huawei‐Vlanif1］dhcp‐server ip‐address［ip‐address‐index］ ♯向 DHCP 服务器组中添加 DHCP 服务器,每个 DHCP 服务器组下最多可以配置 20 个 DHCP 服务器。不指定索引时,系统将自动分配一个空闲的索引

2.2.4.5 校验

［Huawei］display dhcp server group［group‐name］ ♯使用命令查看 DHCP 服务器组成员的配置信息

2.2.5 VLAN

2.2.5.1 VLAN 概述

虚拟局域网（Virtual Local Area Network，VLAN）是一组逻辑上的设备和用户，

这些设备和用户并不受物理位置的限制，可以根据功能、部门及应用等因素将它们组织起来，相互之间的通信就好像它们在同一个网段中一样，由此得名虚拟局域网。VLAN是一种比较新的技术，工作在OSI参考模型的第二层和第三层，在计算机网络中，一个二层网络可以被划分为多个不同的广播域，一个广播域对应了一个特定的用户组，一个VLAN就是一个广播域，默认情况下这些不同的广播域是相互隔离的。不同的广播域之间想要通信，需要通过第三层的路由器来完成的。这样的一个广播域就称为VLAN。与传统的局域网技术相比较，VLAN技术更加灵活，它具有如下优点：①网络设备的移动、添加和修改的管理开销减少；②可以控制广播活动；③可提高网络的安全性。VLAN除了能将网络划分为多个广播域，从而有效地控制广播风暴的发生，以及使网络的拓扑结构变得非常灵活，还可以用于控制网络中不同部门、不同站点之间的互相访问。

传统的局域网（Local Area Network，LAN）是指在某一区域内由多台计算机互联形成的计算机组。一般是方圆几千米以内。局域网可以实现文件管理、应用软件共享、打印机共享以及工作组内的日程安排、电子邮件和传真通信服务等功能。局域网是封闭型的，可以由办公室内的两台计算机组成，也可以由一个公司内的上千台计算机组成。

交换技术的发展，促进了新的交换技术（VLAN）的应用速度。通过将企业网络划分为虚拟网络VLAN网段，可以强化网络管理和网络安全，控制不必要的数据广播。在共享网络中，一个物理的网段就是一个广播域。而在交换网络中，广播域可以是由一组任意选定的第二层网络地址（MAC地址）组成的虚拟网段。这样，网络中工作组的划分可以突破共享网络中的地理位置限制，从而完全根据管理功能来划分。这种基于工作流的分组模式，大大提高了网络规划和重组的管理功能。在同一个VLAN中的工作站，不论它们实际与哪个交换机连接，它们之间的通信就像在独立的交换机上一样。同一个VLAN中的广播只有VLAN中的成员才能听到，而不会传输到其他的VLAN中去，这样可以很好的控制不必要的广播风暴的产生。同时，若没有路由的话，不同VLAN之间不能相互通信，这样增加了企业网络中不同部门之间的安全性。网络管理员可以通过配置VLAN之间的路由来全面管理企业内部不同管理单元之间的信息互访。

2.2.5.2　VLAN的划分方式

（1）基于端口划分的VLAN：这是最常应用的一种VLAN划分方法，目前绝大多数VLAN协议的交换机都提供这种VLAN配置方法，根据交换机的物理端口来划分到不同的VLAN中。

优点：定义VLAN成员时非常简单，只要将所有的端口都定义为相应的VLAN组即可。

缺点：如果某用户离开原来的端口到一个新的交换机的某个端口，必须重新定义。适合于任何大小的网络。

（2）基于MAC地址划分VLAN：这种划分VLAN的方法是根据每个用户主机的MAC地址来划分。

优点：当用户物理位置从一个交换机换到其他的交换机时，VLAN不用重新配置。

缺点：初始化时，所有的用户都必须进行配置。适用于小型局域网。

（3）基于网络层协议划分VLAN：VLAN按网络层协议来划分，可分为IP、IPX、

DECnet、AppleTalk 等 VLAN 网络。

优点：用户的物理位置改变了，不需要重新配置所属的 VLAN，而且可以根据协议类型来划分 VLAN，并且可以减少网络通信量，可使广播域跨越多个 VLAN 交换机。

缺点：效率低下。适用于需要同时运行多协议的网络。

（4）根据 IP 组播划分 VLAN：IP 组播实际上也是一种 VLAN 的定义，即认为一个 IP 组播组就是一个 VLAN。

优点：更大的灵活性，而且也很容易通过路由器进行扩展。

缺点：适合局域网，主要是效率不高。适合于不在同一地理范围的局域网。

2.2.5.3　VLAN 的配置

（1）常规配置如下：

［Huawei］vlan 2　♯添加一个 vlan 2

［Huawei - vlan2］quit　♯退出

［Huawei］int e0/0/2　♯进入 e0/0/2 接口

［Huawei - Ethernet0/0/2］port link - type access　♯端口的链路类型为 Access(连接计算机的端口)，华为的设置默认接口是 hybrid 的模式

［Huawei - Ethernet0/0/2］port default vlan 2　♯默认所有端口都属于 vlan 1，此命令将这个接口加入到 vlan 2 中

［Huawei - Ethernet0/0/2］quit　♯退出

（2）把一串连续的端口放到 vlan 中的方法如下：

［Huawei］vlan 3　♯添加一个 vlan 3

［Huawei - vlan3］port e0/9 to e0/16　♯指定交换机的 e0/9～e0/16 八个端口属于 vlan 3

［Huawei - vlan3］quit　♯退出

（3）校验。在完成配置后，执行 display 命令可以显示配置后 VLAN 的运行情况，通过查看显示信息验证配置效果，方法如下：

［Huawei］display vlan　♯通过 display vlan 查看当前 vlan 列表

［Huawei］display vlan vlan - id　♯比如 display vlan 100，查看 vlan 100 的状态里面列出 vlan 100 里有哪些端口，有哪些端口为 untagged 或者 tagged，也可以通过 display cur 查看配置来得出，还有查看端口状态 display interface brief

2.2.6　以太网端口的链路类型

2.2.6.1　Tag 和 Untag

（1）Untag 就是普通的 Ethernet 报文，普通 PC 机的网卡是可以识别这样的报文进行通信。

（2）Tag 报文结构的变化是在源 MAC 地址和目的 MAC 地址之后，加上了 4bytes 的 VLAN 信息，也就是 VLAN Tag 头；一般来说这样的报文普通 PC 机的网卡是不能识别的，带 802.1Q 的帧是在标准以太网帧上插入了 4 个字节的标识，其中包含：

1）2 个字节的协议标识符（TPID），当前置 0x8100 的固定值，表明该帧带有 802.1Q 的标记信息。

2）2 个字节的标记控制信息（TCI），包含了三个域：①Priority 域，占 3bits，表示报文的优先级，取值 0～7，7 为最高优先级，0 为最低优先级，该域被 802.1p 采用；

②规范格式指示符（CFI）域，占 1bit，0 表示规范格式，应用于以太网；1 表示非规范格式，应用于 Token Ring；③VLAN ID 域，占 12bits，用于标示 VLAN 的归属。

2.2.6.2 PVID

PVID 通常代表端口 ID，VID 代表 VLAN ID，在没有出现 802.1Q 前，都是采用基于 MAC 或端口的 VLAN，推出基于标记的 802.1Q 后才出现 VID。如果划分基于端口的 VLAN 时，只需配置 PVID，如果要划分基于 802.1Q 的加标记的 VLAN 时，就需配置 VID。综合起来说，一个端口可以属于一个 PVID，但可属于多个 VID，交换机 PVID 默认为 1。

2.2.6.3 以太网端口的链路类型 Access

Access 类型的端口只能属于一个 VLAN，一般用于连接计算机的端口；Access 端口只属于一个 VLAN，所以它的缺省 VLAN 就是它所在的 VLAN。交换机 Access 接口出入数据处理过程如下：

（1）Access 端口收报文：收到一个报文，判断是否有 VLAN 信息。如果没有则打上端口的 PVID，并进行交换转发；如果有则直接丢弃（缺省）。

（2）Access 端口发报文：收到一个报文，判断报文中 VLAN ID 是否与 PVID 相同，如果相同，则去掉报文中的标签，转发；如果不同，则直接丢弃。

（3）配置 Access 端口，方法如下：

```
[Huawei]int e0/0/3
[Huawei – Ethernet0/3]port link – type access    ＃配置端口 e0/3 access 端口
[Huawei – Ethernet0/3]port default vlan 10    ＃把端口放入 vlan 10 中
```

2.2.6.4 以太网端口的链路类型 Trunk

Trunk 类型的端口可以允许多个 VLAN 通过，可以接收和发送多个 VLAN 的报文，一般用于交换机之间连接的端口。

交换机 Trunk 接口出入数据处理过程如下：

（1）Trunk 端口收报文：收到一个报文，判断是否有 VLAN 信息。如果没有则打上端口的 PVID，并进行交换转发；如果有则判断该 Trunk 端口是否允许该 VLAN 的数据进入：如果可以则转发，否则丢弃。

（2）Trunk 端口发报文：比较端口的 PVID 和将要发送报文的 VLAN ID 信息，如果两者相等则剥离 VLAN 信息再发送；如果不相等则判断该 Trunk 端口是否允许该 VLAN 的数据通过，如果可以则转发，否则丢弃。

（3）配置 Trunk 端口，方法如下：

```
[Huawei]int e0/0/3
[Huawei – Ethernet0/3]port link – type trunk    ＃配置端口 e0/3 为 trunk 端口
[Huawei – Ethernet0/3]port trunk allow pass vlan all    ＃允许所有 vlan 通过
```

一般情况下最好指定端口允许通过哪些具体的 VLAN，不要设置允许所有的 VLAN 通过，例如：

```
[Huawei – Ethernet0/3] port trunk allow pass vlan 10    ＃只允许 vlan 10 通过
```

2.2.6.5 以太网端口的链路类型 Hybrid

Hybrid 类型的端口可以允许多个 VLAN 通过，可以接收和发送多个 VLAN 的报文，可用于交换机之间连接，也可用于连接用户的计算机。

Hybrid 端口和 Trunk 端口在接收数据时，处理方法是一样的，唯一不同之处在于发送数据时 Hybrid 端口可以允许多个 VLAN 的报文发送时不打标签，而 Trunk 端口只允许缺省 VLAN 的报文发送时不打标签。

Hybrid 端口和 Trunk 端口属于多个 VLAN，所以需要设置缺省 VLAN ID。缺省情况下，Hybrid 端口和 Trunk 端口的缺省 VLAN 为 VLAN 1。

如果设置了端口的缺省 VLAN ID，当端口接收到不带 VLAN Tag 的报文后，则将报文转发到属于缺省 VLAN 的端口；当端口发送带有 VLAN Tag 的报文时，如果该报文的 VLAN ID 与端口缺省的 VLAN ID 相同，则系统将去掉报文的 VLAN Tag，然后再发送该报文。

对于华为交换机缺省 VLAN 被称为"PVID VLAN"，对于思科交换机缺省 VLAN 被称为"Native VLAN"。交换机接口出入数据处理过程如下：

（1）Hybrid 端口收报文。收到一个报文，判断是否有 VLAN 信息。如果没有则打上端口的 PVID，并进行交换转发；如果有则判断该 hybrid 端口是否允许该 VLAN 的数据进入，如果可以则转发，否则丢弃（此时端口上的 untag 配置是不用考虑的，untag 配置只对发送报文时起作用）。

（2）hybrid 端口发报文。判断该 VLAN 在本端口的属性（通过 display interface 命令，即可看到该端口对哪些 VLAN 是 Untag，哪些 VLAN 是 tag）。如果是 untag 则剥离 VLAN 信息，再发送；如果是 Tag 则直接发送。

（3）配置命令。配置端口 E0/1 为 Hybrid 端口，能够接收 VLAN 20、30 和 100 发过来的报文，方法如下：

[SwitchA]interface Ethernet 0/1

[SwitchA – Ethernet0/1]port link – type hybrid   ♯配置端口 E0/0/1 口为 Hybird 接口

[SwitchA – Ethernet0/1]port hybrid vlan 20 30 100 untagged   ♯能够接受来自 vlan 20 30 100 发来的报文

对于 Hybrid 端口来说，可以同时属于多个 VLAN。这些 VLAN 分别是该 Hybrid 端口的 PVID，以及手工配置的"untagged"及"tagged"方式的 VLAN。一定要注意对应端口的 VLAN 配置，保证报文能够被端口进行正常的收发处理。

2.3　项　目　实　施

2.3.1　项目需求

（1）ISP 运营商出口为静态 IP 形式。

（2）PC 机能自动获取 IP 地址。

（3）所有 PC 机均能访问 Internet。

2.3.2　设备清单

本项目需要用到路由器、核心层交换机、接入层交换机,所用设备清单见表 2.1。

表 2.1　　　　　　　　　　　　设　备　清　单　表

序号	设备型号	数量	功能	备注
1	AR3260	1	出口路由器	
2	S5700 – 28C – HI	1	核心交换机	
3	S3700 – 26C – HI	4	接入交换机	

2.3.3　项目拓扑

本项目拓扑图如图 2.3 所示。

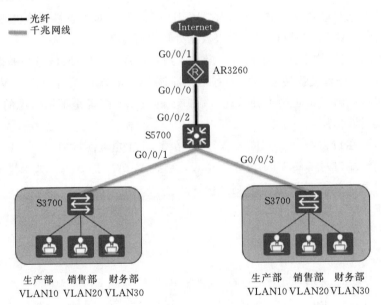

图 2.3　小型企业网络拓扑图

2.3.4　配置思路

项目采用如下的思路配置:

(1) 接入层设备:①划分 VLAN;②把连接 PC 的端口放到相应 VLAN 中;③把连接核心交换机的端口设置为 Trunk 口,并允许相应的 VLAN 通过。

(2) 核心层设备:①划分 VLAN;②给 VLAN 配置地址;③把连接接入层交换机的端口设置为 Trunk 口,并允许相应的 VLAN 通过;④把连接出口路由器的端口放到 VLAN 100 中;⑤配置默认路由指向出口路由器;⑥配置 DHCP。

(3) 出口路由器:①给接口配置 IP 地址;②配置局域网用户通过 NAT 转换将私网地址转换为公网地址,进行上网;③配置到 Internet 的默认路由。

2.3.5 相关信息规划

2.3.5.1 核心交换机

核心层交换机信息规划见表2.2。

表2.2 核心层交换机信息规划

序号	使用部门	VLAN号	IP 地址	掩码	备注
1	生产部	10	10.10.10.1	255.255.255.0	
2	销售部	20	10.10.20.1	255.255.255.0	
3	财务部	30	10.10.30.1	255.255.255.0	
4	互联	100	10.10.100.1	255.255.255.252	与路由器互联

2.3.5.2 出口路由器

出口路由器信息规划见表2.3。

表2.3 出口路由器信息规划

序号	接口	IP 地址	掩码	备注
1	G0/0/0	10.10.100.2	255.255.255.252	与核心交换机互联

2.3.5.3 ISP 出口规划

ISP 出口信息规划见表2.4。

表2.4 ISP 出口信息规划

序号	接口	IP 地址	掩码	网关	备注
1	G0/0/1	1.1.1.1	255.255.255.252	1.1.1.2	静态 IP 地址

2.3.6 操作步骤

2.3.6.1 接入交换机设备

（1）修改设备名，方法如下：

＜Huawei＞system – view

［Huawei］sysname S3700

［S3700］undo info – center enable ＃关闭消息提示

（2）划分 VLAN，方法如下：

［S3700］vlan 10 ＃划分 vlan 10

［S3700 – vlan10］description shengchanbu ＃对 vlan 进行描述

［S3700 – vlan10］quit ＃退出

同样方法，划分 VLAN 20、30：

［S3700］vlan 20

［S3700 – vlan20］description xiaoshoubu

［S3700 – vlan20］quit

［S3700］vlan 30

［S3700 - vlan30］description caiwubu

［S3700 - vlan30］quit

（3）把连接 PC 的端口放到相应 VLAN 中，方法如下：

［S3700］interface Ethernet 0/0/1　♯进入端口 e0/0/1 中

［S3700 - Ethernet0/0/1］port link - type access　♯把端口设置为 access 模式

［S3700 - Ethernet0/0/1］port default vlan 10　♯把端口放入 vlan 10 中

［S3700 - Ethernet0/0/1］quit　♯退出

同样方法，对其他接口进行配置：

［S3700］interface Ethernet 0/0/2

［S3700 - Ethernet0/0/2］port link - type access

［S3700 - Ethernet0/0/2］port default vlan 20

［S3700 - Ethernet0/0/2］quit

［S3700］interface Ethernet 0/0/3

［S3700 - Ethernet0/0/3］port link - type access

［S3700 - Ethernet0/0/3］port default vlan 30

［S3700 - Ethernet0/0/3］quit

（4）配置 Trunk，方法如下：

［S3700］interface Ethernet 0/0/4

［S3700 - Ethernet0/0/4］port link - type trunk　♯在连接核心交换机的上行端口设置为 trunk

［S3700 - Ethernet0/0/4］port trunk allow - pass vlan 10 20 30　♯允许相应的 vlan 通过该接口

［S3700 - Ethernet0/0/4］quit

2.3.6.2　核心交换机设备

（1）修改设备名，方法如下：

＜Huawei＞system - view

［Huawei］sysname S5700

［S5700］undo info - center enable　♯关闭消息提示

（2）划分 VLAN，方法如下：

［S5700］vlan 10　♯划分 vlan 10

［S5700 - vlan10］description shengchanbu　♯对 vlan 进行描述

［S5700 - vlan10］quit　♯退出

同样方法，划分其他 VLAN：

［S5700］vlan 20

［S5700 - vlan20］description xiaoshoubu

［S5700 - vlan20］quit

［S5700］vlan 30

［S5700 – vlan30］description caiwubu

［S5700 – vlan30］quit

［S5700］vlan 100

［S5700 – vlan100］description hulian

［S5700 – vlan100］quit

（3）配置 VLANIF 接口 IP 地址，方法如下：

［S5700］interface vlanif 10 ♯进入 vlan 10 接口

［S5700 – vlanif10］ip address 10.10.10.1 24 ♯配置 ip 地址和掩码信息

［S5700 – vlanif10］quit ♯退出

同样方法，对其他 VLAN 进行配置：

［S5700］interface vlanif 20

［S5700 – vlanif20］ip address 10.10.20.1 24

［S5700 – vlanif20］quit

［S5700］interface vlanif 30

［S5700 – vlanif30］ip address 10.10.30.1 24

［S5700 – vlanif30］quit

［S5700］interface vlanif 100

［S5700 – Vlanif100］ip address 10.10.100.1 30

［S5700 – Vlanif100］quit

（4）配置 Trunk，方法如下：

在连接接入层交换机的上行端口设置为 Trunk，并允许相应的 VLAN 通过该接口。

［S5700］interface GigabitEthernet 0/0/1 ♯进入端口

［S5700 – GigabitEthernet0/0/1］port link – type trunk ♯设置端口为 Trunk

［S5700 – GigabitEthernet0/0/1］port trunk allow – pass vlan 10 20 30 ♯设置允许通过的 vlan

［S5700 – GigabitEthernet0/0/1］quit ♯退出

（5）配置与出口路由器互联接口，方法如下：

［S5700］interface GigabitEthernet 0/0/2 ♯进入端口

［S5700 – GigabitEthernet0/0/2］port link – type access ♯设置端口为 access 模式

［S5700 – GigabitEthernet0/0/2］port default vlan 100 ♯把端口划分到 vlan 100 中

［S5700 – GigabitEthernet0/0/2］quit ♯退出

（6）配置默认路由，方法如下：

［S5700］ip route – static 0.0.0.0 0 10.10.100.2 ♯配置默认路由,把未知网络的数据发送给路由器

（7）配置 DHCP 服务：

1）启用 DHCP 服务，方法如下：

［S5700］dhcp enable

2）配置接口地址池，方法如下：

［S5700］interface vlanif 10 ♯进入 vlan 10 接口

［S5700 – Vlanif10］dhcp select interface ♯配置 dhcp 地址获取方式

［S5700 – Vlanif10］dhcp server dns – list 202.103.224.68 ♯配置 dns 地址

［S5700 – Vlanif10］quit ♯退出

3）同样方法，配置其他接口地址池：

［S5700］interface vlanif 20

［S5700 – Vlanif20］dhcp select interface

［S5700 – Vlanif20］dhcp server dns – list 202.103.224.68

［S5700 – Vlanif20］quit

［S5700］interface vlanif 30

［S5700 – Vlanif30］dhcp select interface

［S5700 – Vlanif30］dhcp server dns – list 202.103.224.68

［S5700 – Vlanif30］quit

2.3.6.3 出口设备

（1）修改设备名，方法如下：

＜Huawei＞system – view

［Huawei］sysname AR3260 ♯修改设备名

［AR3260］undo info – center enable ♯关闭消息提示

（2）给接口配置 IP 地址，方法如下：

［AR3260］interface GigabitEthernet 0/0/1 ♯进入外网口

［AR3260 – GigabitEthernet0/0/1］ip address 1.1.1.1 30 ♯给外网口配置地址

［AR3260 – GigabitEthernet0/0/1］quit ♯退出

［AR3260］interface GigabitEthernet 0/0/0 ♯进入外网口

［AR3260 – GigabitEthernet0/0/0］ip address 10.10.100.2 30 ♯给内网口配置地址

［AR3260 – GigabitEthernet0/0/0］quit ♯退出

（3）配置局域网用户通过 NAT 转换将私网地址转换为公网地址，进行上网，方法如下：

［AR3260］acl number 2000 ♯定义一个标准 acl

［AR3260 – acl – basic – 2000］rule permit source any ♯规则是允许源地址为任何人

［AR3260 – acl – basic – 2000］quit ♯退出

［AR3260］interface GigabitEthernet 0/0/1 ♯进入外网口

［AR3260 - GigabitEthernet0/0/1］nat outbound 2000 ♯允许 acl 编号 2000 匹配的计算机能通过 nat 上网

［AR3260 - GigabitEthernet0/0/1］quit ♯退出

（4）配置到 Internet 的默认路由，方法如下：

［AR3260］ip route - static 0. 0. 0. 0 0 1. 1. 1. 2 任何到 Internet 的数据都往 1. 1. 1. 2 地址送

（5）配置到回内部网络的静态路由，方法如下：

［AR3260］ip route - static 10. 10. 10. 0 24 10. 10. 100. 1 ♯回 vlan 10 的路由网 10. 10. 100. 1 地址送

［AR3260］ip route - static 10. 10. 20. 0 24 10. 10. 100. 1 ♯回 vlan 20 的路由网 10. 10. 100. 1 地址送

［AR3260］ip route - static 10. 10. 30. 0 24 10. 10. 100. 1 ♯回 vlan 30 的路由网 10. 10. 100. 1 地址送

某木业集团企业局域网项目

3.1 项 目 导 入

随着近年来企业信息化建设的深入，企业的运作越来越融入计算机网络，企业的沟通、应用、财务、决策、会议等数据流都在企业网络上传输，构建一个"安全可靠、性能卓越、管理方便"的"高品质"中型企业网络已经成为企业信息化建设成功的关键基石。

某木业集团为了加快信息化建设，新的集团企业网将建设一个以集团办公自动化、电子商务、业务综合管理、多媒体视频会议、远程通信、信息发布及查询为核心，以现代网络技术为依托，技术先进、扩展性强，将集团的各种办公室、多媒体会议室、PC 终端设备、应用系统通过网络连接起来，实现内、外沟通的现代化计算机网络系统。

3.2 相 关 知 识 点

3.2.1 单区域 OSPF

3.2.1.1 概述

OSPF（Open Shortest Path First，开放最短链路优先）路由协议是典型的链路状态路由协议。OSPF 中的字母 O 意为 open，也就是开放、公有，任何标准化的设备厂商都能够支持 OSPF。OSPF 由 IETF 在 20 世纪 80 年代末期开发，是 SPF 类路由协议中的开放式版本。最初的 OSPF 规范体现在 RFC1131 中，称为 OSPF 版本 1，但是版本 1 很快被进行了重大改进的版本所代替，OSPF 版本 2 的最新版体现在 RFC 2328 中，OSPFv2 用在 IPv4 网络。而 OSPF 版本 3 是关于 IPv6 的，用在 IPv6 网络。

OSPF 是一个内部网关协议，用于在单一自治系统（Autonomous System，AS）内决策路由。它是对链路状态路由协议的一种实现，隶属内部网关协议（IGP），因此运作于自治系统内部。OSPF 是个上层的协议，OSPF 报文封装在 IP 包头中，协议号为 89。

3.2.1.2 OSPF 特征

OSPF 作为一种内部网关协议（Interior Gateway Protocol，IGP），用于在同一个自治系统（AS）中的路由器之间交换路由信息。OSPF 的特性如下：①可适应大规模网络；②收敛速度快；③无路由环路；④支持 VLSM 和 CIDR；⑤支持等价路由；⑥支持区域划分，构成结构化的网络；⑦提供路由分级管理；⑧支持简单口令和 MD5 认证；⑨以组播方式传送协议报文；⑩OSPF 路由协议的管理距离是 10；⑪OSPF 路由协议采用 cost 作为度量标准；⑫OSPF 维护邻居表、拓扑表和路由表。

3.2.1.3　OSPF 的运行过程

（1）每个运行 OSPF 的路由器发送 HELLO 报文到所有启用 OSPF 的接口。如果在共享链路上两个路由器发送的 HELLO 报文内容一致，那么这两个路由器将形成邻居关系。

（2）从这些邻居关系中，部分路由器形成邻接关系。邻接关系的建立由 OSPF 路由器交换 HELLO 报文和网络类型来决定。

（3）形成邻接关系的每个路由器都宣告自己的所有链路状态。

（4）每个路由器都接受邻居发送过来的 LSA，记录在自己的链路数据库中，并将链路数据库的一份拷贝发送给其他的邻居。

（5）通过在一个区域中泛洪，使得给区域中的所有路由器同步自己数据库。

（6）当数据库同步之后，OSPF 通过 SPF 算法，计算到目的地的最短路径，并形成一个以自己为根的无自环的最短路径树

（7）每个路由器根据这个最短路径树建立自己的路由转发表。

3.2.1.4　OSPF 支持的网络类型

OSPF 将网络划分为四种类型：广播多路访问型（BMA）、非广播多路访问型（NB-MA）、点到点型（Point－to－Point）、点到多点型（Point－to－MultiPoint）。OSPF 的网络类型决定了邻居邻接关系的形成，以及对 HELLO 报文的处理，使得 OSPF 的适应性和性能得到提高，不同的二层链路的类型需要 OSPF 不同的网络类型来适应。

（1）广播类型（BroadcASt）。当链路层协议是 Ethernet、FDDI 时，缺省情况下，OSPF 认为网络类型是 BroadcASt。在该类型的网络中通常以组播形式发送 Hello 报文、LSU 报文和 LSAck 报文。其中，224.0.0.5 的组播地址为 OSPF 设备的预留 IP 组播地址；224.0.0.6 的组播地址为 OSPF DR/BDR（Backup Designated Router）的预留 IP 组播地址。

（2）NBMA 类型（Non－BroadcASt Multi－Access）。当链路层协议是帧中继、ATM 或者 X.25 时，缺省情况下，OSPF 认为网络类型是 NBMA。在该类型的网络中，以单播形式发送协议报文（Hello 报文、DD 报文、LSR 报文、LSU 报文、LSAck 报文）。

（3）P2MP 类型（Point－to－Multipoint）。没有一种链路层协议会被缺省的认为是 Point－to－Multipoint 类型。点到多点必须是由其他的网络类型强制更改的。常用做法是将非全连通的 NBMA 改为点到多点的网络。在该类型的网络中：①以组播形式（224.0.0.5）发送 Hello 报文；②以单播形式发送其他协议报文（DD 报文、LSR 报文、LSU 报文、LSAck 报文）。

（4）P2P 类型（point－to－point）。当链路层协议是 PPP、HDLC 和 LAPB 时，缺省情况下，OSPF 认为网络类型是 P2P。在该类型的网络中，以组播形式（224.0.0.5）发送协议报文（Hello 报文、DD 报文、LSR 报文、LSU 报文、LSAck 报文）。

3.2.1.5　OSPF 选路

最短路径优先（SPF）算法是 OSPF 路由协议的基础。SPF 算法有时也被称为 Dijkstra 算法，这是因为最短路径优先算法（SPF）是迪克斯加发明的。OSPF 路由器利用 SPF 独立地计算出到达任意目的地的最佳路由。

著名的迪克斯加算法（Dijkstra 算法）被用来计算最短路径树。与距离矢量路由协议

直接交互路由器的路由表不同，OSPF 作为链路状态路由协议，路由器之间交互的是 LSA（链路状态通告），路由器将网络中泛洪的 LSA 搜集到自己的 LSDB（链路状态数据库）中，这有助于 OSPF 理解整张网络拓扑，并在此基础上通过 SPF 最短路径算法计算出以自己为根的、到达网络各个角落的、无环的树，最终路由器将计算出来的路由装载进路由表中。

OSPF 工作原理：每台路由器通过使用 Hello 报文与它的邻居之间建立邻接关系；每台路由器向每个邻居发送链路状态通告（LSA），有时叫链路状态报文（LSP），每个邻居在收到 LSP 之后要依次向它的邻居转发这些 LSP（泛洪）；每台路由器要在数据库中保存一份它所收到的 LSA 的备份，所有路由器的数据库应该相同；依照拓扑数据库每台路由器使用 Dijkstra 算法（SPF 算法）计算出到每个网络的最短路径，并将结果输出到路由选择表中。

OSPF 的工作原理可简化为：发 Hello 报文──→建立邻接关系──→形成链路状态数据库──→SPF 算法──→形成路由表。

3.2.1.6 OSPF 配置命令

［AR1］ospf 1 #启用 OSPF

［AR1 - ospf - 1］router - id 1.1.1.1 #并手动指定 router id

［AR1 - ospf - 1］area 1 #进区域后再通告接口网段

［AR1 - ospf - 1 - area - 0.0.0.1］network 1.1.1.1 0.0.0.0 #宣告接口网段,1.1.1.1 0.0.0.0 是举例的网段

［AR1 - ospf - 1 - area - 0.0.0.1］net 10.10.100.0 0.0.0.3 #宣告接口网段,10.10.100.0 0.0.0.3 是举例的网段

［AR1 - ospf - 1 - area - 0.0.0.1］quit

［AR1 - ospf - 1］import - route direct #将直连路由引入到 OSPF

［AR1 - ospf - 1］import - route rip 1 #将 rip 路由引入到 OSPF,默认的类型是 2,也就是 OSPF 域内度量值不累加,可以在引入的时候变成类型 1,这样外部路由在 OSPF 域内度量会累加

3.2.2 MSTP

3.2.2.1 概述

MSTP 是多生成树协议，与生成树和快速生成树相比，MSTP 引入了"实例"（IN-STANCE）的概念。生成树和快速生成树都是基于交换机端口的技术，在进行生成树计算的时候，所有 VLAN 都共享相同的生成树；而 MSTP 则是基于实例的。所谓"实例"是指多个 VLAN 对应的一个集合，MSTP 把一台设备的一个或多个 VLAN 划分为一个实例，有着相同实例配置的设备就组成了一个 MST 域，运行独立的生成树；这个 MST 就组成了一个大的设备整体，与其他 MST 域在进行生成树算法，得出一个整体的生成树。所有 VLAN 默认映射到实例 0，其他实例则称为多生成树实例。缺省情况下，华为交换机的工作模式为 MSTP，MSTP 兼容 STP/RSTP。

三种生成树协议的比较见表 3.1。

RSTP 在 STP 基础上进行了改进，实现了网络拓扑快速收敛。但 RSTP 和 STP 还存在同一个缺陷：由于局域网内所有的 VLAN 共享一棵生成树，因此无法在 VLAN 间实现数据流量的负载均衡，链路被阻塞后将不承载任何流量，造成带宽浪费，还有可能造成部分 VLAN 的报文无法转发。

表 3.1 三种生成树协议的比较

生成树协议	特 点	应用场景
STP	形成一棵无环路的树，解决广播风暴并实现冗余备份。收敛速度较慢	无需区分用户或业务流量，所有 VLAN 共享一棵生成树
RSTP	形成一棵无环路的树，解决广播风暴并实现冗余备份。收敛速度快	
MSTP	形成多棵无环路的树，解决广播风暴并实现冗余备份。收敛速度快。多棵生成树在 VLAN 间实现负载均衡，不同 VLAN 的流量按照不同的路径转发	需要区分用户或业务流量，并实现负载分担。不同的 VLAN 通过不同的生成树转发流量，每棵生成树之间相互独立

如图 3.1 所示网络中，在局域网内应用 STP 或 RSTP，生成树结构在图中用虚线表示，S6 为根交换设备。S2 和 S5 之间、S1 和 S4 之间的链路被阻塞，除了图中标注了"VLAN 2"或"VLAN 3"的链路允许对应的 VLAN 报文通过外，其他链路均不允许 VLAN 2、VLAN 3 的报文通过。

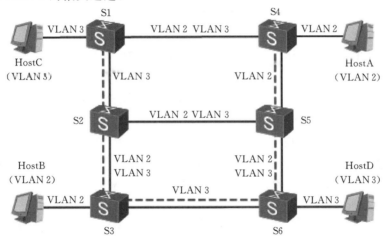

图 3.1 STP/RSTP 的缺陷示意图

HostA 和 HostB 同属于 VLAN 2，由于 S2 和 S5 之间的链路被阻塞，S3 和 S6 之间的链路又不允许 VLAN 2 的报文通过，因此 HostA 和 HostB 之间无法互相通信。

为了弥补 STP 和 RSTP 的缺陷，IEEE 于 2002 年发布的 802.1S 标准定义了 MSTP。MSTP 兼容 STP 和 RSTP，既可以快速收敛，又提供了数据转发的多个冗余路径，在数据转发过程中实现 VLAN 数据的负载均衡。

如图 3.2 所示，通过 MSTP 把一个交换网络划分成多个域，每个域内形成多棵生成树，生成树之间彼此独立。每棵生成树叫作一个多生成树实例 MSTI（Multiple Spanning Tree Instance），每个域叫做一个 MST 域（MST Region：Multiple Spanning Tree Region）。

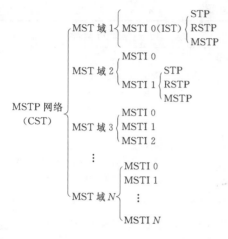

图 3.2　MSTP 网络层次结果关系示例图

所谓实例就是多个 VLAN 的一个集合。映射到一个实例里，这些 VLAN 在端口上的转发状态取决于端口在对应 MSTP 实例的状态。

通过将多个 VLAN 捆绑到一个实例，可以节省通信开销和资源占用率。MSTP 各个实例拓扑的计算相互独立，在这些实例上可以实现负载均衡。可以把多个相同拓扑结构的 VLAN。

可以通过计算来自动确定 MSTP 的根桥和备份根桥，用户也可以手动配置设备为指定生成树的根桥或备份根桥：设备在各生成树中的角色互相独立，在作为一棵生成树的根桥或备份根桥的同时，也可以作为其他生成树的根桥或备份根桥；但在同一棵生成树中，一台设备不能既作为根桥又作为备份根桥。

在一棵生成树中，生效的根桥只有一个；当两台或两台以上的设备被指定为同一棵生成树的根桥时，系统将选择 MAC 地址最小的设备作为根桥。

可以在每棵生成树中指定多个备份根桥。当根桥出现故障或被关机时，备份根桥可以取代根桥成为指定生成树的根桥；但此时若配置了新的根桥，则备份根桥将不会成为根桥。如果配置了多个备份根桥，则 MAC 地址最小的备份根桥将成为指定生成树的根桥。在配置 MSTP 过程中，建议手动配置根桥和备份根桥。

如图 3.3 所示，MSTP 通过设置 VLAN 映射表（即 VLAN 和 MSTI 的对应关系表），把 VLAN 和 MSTI 联系起来。每个 VLAN 只能对应一个 MSTI，即同一 VLAN 的数据只能在一个 MSTI 中传输，而一个 MSTI 可能对应多个 VLAN。

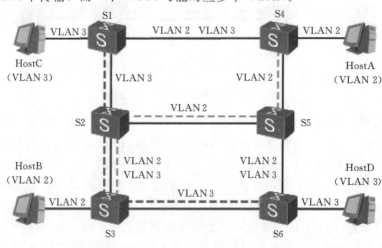

图 3.3　MSTP 域内的多棵生成树示意图

经计算，最终生成两棵生成树：MSTI 1 以 S4 为根交换设备，转发 VLAN 2 的报文；MSTI 2 以 S6 为根交换设备，转发 VLAN 3 的报文。

这样所有 VLAN 内部可以互通，同时不同 VLAN 的报文沿不同的路径转发，实现了负载分担。

3.2.2.2　配置命令

［Huawei］stp mode mstp　＃配置 MSTP 工作模式

［Huawei］stp region‐configuration　＃进入 MST 域视图

［Huawei‐mst‐region］region‐name gxsdxy　＃配置 MST 域的域名

［Huawei‐mst‐region］instance 1 vlan 2 to 5　＃配置多生成树实例和 VLAN 的映射关系，此次 vlan 2 to 5 为举例 vlan

［Huawei‐mst‐region］instance 2 vlan 6 to 10　＃配置多生成树实例和 VLAN 的映射关系，此次 vlan 6 to 10 为举例 vlan

［Huawei‐mst‐region］revision‐level 0　＃配置 MST 域的 MSTP 修订级别，缺省情况下，MSTP 域的 MSTP 修订级别为 0

［Huawei‐mst‐region］active region‐configuration　＃激活新的 MST 域配置

Info：This operation may take a few seconds. Please wait for a moment...done

［Huawei‐mst‐region］quit

［Huawei］stp instance 1 root primary　＃配置该设备为根桥

［Huawei］stp instance 2 root secondary　＃配置该设备为备份根桥

3.2.3　VRRP

3.2.3.1　概述

VRRP（Virtual Router Redundancy Protocol，虚拟路由器冗余协议）将可以承担网关功能的路由器加入到备份组中，形成一台虚拟路由器，由 VRRP 的选举机制决定哪台路由器承担转发任务，局域网内的主机只需将虚拟路由器配置为缺省网关。VRRP 是一种容错协议，在提高可靠性的同时，简化了主机的配置。在具有多播或广播能力的局域网（如以太网）中，借助 VRRP 能在某台设备出现故障时仍然提供高可靠的缺省链路，有效避免单一链路发生故障后网络中断的问题。

在局域网内，主机发往其他网段的报文都由网关进行转发。当网关发生故障时，本网段内所有发往网关的数据将中断。为了避免网络中断，可以通过在主机上设置多个网关，但是一个主机只允许设置一个默认网关，因此需要管理员手工添加和修改，这样大大增加了网络管理的复杂度。因此我们通常使用 VRRP（虚拟路由器冗余）协议，保证用户快速、不间断、透明地切换到另一个网关。

VRRP 协议首先采用竞选的方法选择主路由器（Master），主路由器负责提供实际的数据转发服务，主路由器选出后，其他设备作为备份路由器（Backup），并通过主路由设备定时发出的 VRRP 报文监测主路由设备的状态。如果组内的备份路由设备在规定的时间内没有收到来自主路由设备的报文，则将自己的状态转为 Master，由于切换非常迅速而且用户终端不需要改变默认网关的 IP 地址和 MAC 地址，所以对用户而言是透明的。

主路由负责转发数据，备份路由不负责转发数据，因此在主路由转发数据的同时，备份路由却一直处于空闲状态，这样势必造成了网络带宽资源的浪费。我们通过在 VRRP 中使用负载均衡技术，创建不同的 VRRP 组，使得路由器在不同的 VRRP 组中担任不同的角色。

VRRP 协议的实现有 VRRPv2 和 VRRPv3 两个版本，VRRPv2 基于 IPv4，VRRPv3 基于 IPv6。

VRRP 路由器在运行过程中有三种状态：

（1）Initialize 状态。系统启动后就进入 Initialize，此状态下路由器不对 VRRP 报文做任何处理，可以理解为初始化

（2）Master 状态。路由器会发送 VRRP 通告，发送免费 ARP 报文。

（3）Backup 状态。接受 VRRP 通告。

一般主路由器处于 Master 状态，备份路由器处于 Backup 状态。

3.2.3.2　VRRP 选举机制

VRRP 使用选举机制来确定路由器的状态，运行 VRRP 的一组路由器对外构成了一个虚拟路由器，其中一台路由器处于 Master 状态，其他处于 Backup 状态。所以主路由器又叫做 Master 路由器，备份路由器又叫做 Backup 路由器。

（1）路由器启用 VRRP 功能后，会根据优先级确定自己在备份组中的角色。优先级高的路由器成为 Master 路由器，优先级低的成为 Backup 路由器。Master 路由器定期发送 VRRP 通告报文，通知备份组内的其他设备自己工作正常；Backup 路由器则启动定时器等待通告报文的到来。

（2）在抢占方式下，当 Backup 路由器收到 VRRP 通告报文后，会将自己的优先级与通告报文中的优先级进行比较。如果大于通告报文中的优先级，则成为 Master 路由器；否则将保持 Backup 状态。

（3）在非抢占方式下，只要 Master 路由器没有出现故障，备份组中的路由器始终保持 Master 或 Backup 状态，Backup 路由器即使随后被配置了更高的优先级也不会成为 Master 路由器。

（4）如果 Backup 路由器的定时器超时后仍未收到 Master 路由器发送来的 VRRP 通告报文，则认为 Master 路由器已经无法正常工作，此时 Backup 路由器会认为自己是 Master 路由器，并对外发送 VRRP 通告报文。备份组内的路由器根据优先级选举出 Master 路由器，承担报文的转发功能。

3.2.3.3　VRRP 优先级选举的方法

（1）VRRP 组中 IP 拥有者。如果虚拟 IP 地址与 VRRP 组中的某台 VRRP 路由器 IP 地址相同，则此路由器为 IP 地址拥有者，这台路由器将被定位主路由器。

（2）比较优先级。如果没有 IP 地址拥有者，则比较路由器的优先级，优先级的范围是 0～255，大的作为主路由器。

（3）比较 IP 地址。在没有 IP 地址拥有者和优先级相同的情况下，IP 地址大的作为主路由器。

3.2.3.4 VRRP 基本配置

（1）配置 VRRP 组。要启用 VRRP，最基本的配置就是要创建 VRRP 组，并为 VR-RP 组配置虚拟 IP 地址，此命令需要在主路由器和备份路由器上配置，方法如下：

［Huawei－Ethernet0/0/1］vrrp *group－number* ip *ip－address*　♯*group－number* 代表 VRRP 组的编号，实际配置中可以调整，取值范围为 1～255。*ip－address* 代表虚拟组的 IP 地址，例如 192.168.1.1

（2）配置 VRRP 优先级。如果希望指定某台路由器称为主路由器，可以手工调整其优先级，方法如下：

［Huawei－Ethernet0/0/1］vrrp *group－number priority number*　♯*group－number* 代表 VRRP 组的编号，实际配置中可以调整，取值范围为 1～255。*number* 代表优先级范围，取值范围为 0～255，默认为 100

优先级的配置在没有 IP 地址拥有者的情况下。想让哪台路由器成为主路由器就在哪台路由器上配置。

（3）配置 VRRP 接口跟踪。VRRP 接口跟踪机制就是检测接口故障的一种机制。配置了接口跟踪机制的路由器，当自己的接口发生故障时会将自己的路由器优先级降低，从而使自己从主路由器变为备份路由器，然后原来的备份路由器此时将成为主路由器。

端口跟踪命令如下：

［Huawei－Ethernet0/0/1］vrrp *group－number track interface priority－decrement*　♯*group－number* 代表 VRRP 组的编号，取值与上面保持一致。*priority－decrement* 表示需要降低的优先级数值

注意：priority－decrement 是降低了多少而不是降低到多少，比如 priority－decrement 为 30，那么此路由器的优先级在原来基础上降低 30。

（4）配置 VRRP 抢占模式。抢占模式指当原来的路由器从故障中回复并接入到网络层后，配置了 VRRP 抢占模式的路由器将夺回原来属于自己的角色（主路由器），如果没有配置，回复之后将保持备份路由器的状态。

推荐在主路由器中配置该命令。使用启用抢占模式命令如下：

［Huawei］interface Ethernet 0/0/1　♯进入端口 e0/0/1 中

［Huawei－Ethernet0/0/1］vrrp group－number preempt　｛delay［Delay－time］｝

Delay　♯取值范围为 1～255 之间，如果不配置 delay 时间，那么其默认值为 0s

delay－time　♯为延迟抢占的时间即从该路由器发现自己的优先级大于 MASTER 的优先级开始 经过 delay－time 这样长的一段时间之后才允许抢占

（5）配置 VRRP 定时器。VRRP 定时器可以修改通告报文的发送时间，在主路由器上配置，命令如下：

［Huawei］interface Ethernet 0/0/1　♯进入端口 e0/0/1 中

［Huawei－Ethernet0/0/1］vrrp group－number timers advertise vrrp－advertise－interval

adver＿interval 为设置定时器 adver＿timer 的时间间隔。MASTER 每隔这样一个时间间隔，就会发送一个 advertisement 报文以通知组内其他路由器自己工作正常，vrrp－advertise－interval 的取值范围为 0～254。

配置 VRRP 定时学习功能：配置此命令的路由器会学习发送通告报文时间，进而计算出失效间隔，否则默认 3s，这条命令对于上面的配置 VRRP 定时器，在主路由器中配置了发送时间间隔，那么在备份路由器上就需要配置定时学习功能来计算失效间隔，因为失效间隔是发送时间的 3 倍。

　　（6）VRRP 负载均衡。在一组 VRRP 组中，主路由器承担数据转发任务的同时，备份路由器的链路将处于空闲状态，这必然造成了带宽资源的浪费。为了避免这种浪费，使用 VRRP 负载均衡。

　　VRRP 负载均衡是通过实现将路由器加入到多个 VRRP 组实现的，使 VRRP 路由器在不同的组中担任不同的角色。

3.3　项　目　实　施

3.3.1　项目需求

　　（1）ISP 运营商出口为静态 IP 形式。

　　（2）所有 PC 电脑均能访问 Internet。

　　（3）能实现负载均衡，VLAN 10、VLAN 20 的用户数据通过核心交换机 LSW1 访问 Internet，VLAN 30 的用户数据通过核心交换机 LSW2 访问 Internet。

　　（4）能实现冗余，当任何一个核心设备出故障的时候，网络仍然能够正常运行。

3.3.2　设备清单

　　本项目设备清单见表 3.2。

表 3.2　　　　　　　　　　　设 备 清 单 表

序号	设备型号	数量	功　能	备　注
1	AR3260	1	出口路由器	
2	S5700 – 28C – HI	2	核心交换机	
3	S3700 – 26C – HI	2	接入交换机	

3.3.3　项目拓扑

　　本项目网络拓扑结构如图 3.4 所示。

3.3.4　配置思路

　　采用如下的思路配置：

　　（1）接入层设备：①划分 VLAN；②把连接 PC 的端口放到相应 VLAN 中；③把连接核心交换机的端口设置为 Trunk 口，并允许相应的 VLAN 通过。

　　（2）核心层设备：①划分 VLAN；②配置 vlanif 接口地址；③把连接接入层交换机的端口设置为 Trunk 口，并允许相应的 VLAN 通过；④配置 MSTP，把 VLAN 10、VLAN 20 放到实例 1 中，把 VLAN 30、VLAN 40 放到实例 2 中，设置实例 1 的根桥为左边的交换机 LSW1，备份根桥为右边的交换机 LSW2，设置实例 2 的根桥为右边的交换机 LSW2，备份根桥为左边的交换机 LSW1，并对上行端口进行检测；⑤配置 VRRP；⑥把连接出口路由器的端

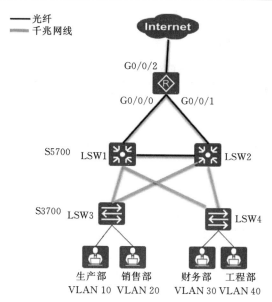

图 3.4 中型企业网络拓扑图

口放到 VLAN 100 中，并给 VLAN 100 配置 IP 地址；⑦配置动态路由 OSPF。

（3）出口路由器：①给接口配置 IP 地址；②配置到 Internet 的默认路由；③配置动态路由 OSPF，并注入默认路由；④配置局域网用户通过 NAT 转换将私网地址转换为公网地址，进行上网。

3.3.5 相关信息规划

3.3.5.1 核心交换机 LSW1

核心层交换机的信息规划见表 3.3 和表 3.4。

表 3.3　　　　　　　　　　　　核心层交换机 LSW1 信息规划

序号	使用部门	VLAN 号	IP 地址	掩码	备注
1	生产部	10	10.10.10.1	255.255.255.0	
2	销售部	20	10.10.20.1	255.255.255.0	
3	财务部	30	10.10.30.1	255.255.255.0	
4	工程部	40	10.10.40.1	255.255.255.0	
5	互联	100	10.10.100.1	255.255.255.252	与路由器互联

表 3.4　　　　　　　　　　　　核心层交换机 LSW2 信息规划

序号	使用部门	VLAN 号	IP 地址	掩码	备注
1	生产部	10	10.10.10.1	255.255.255.0	
2	销售部	20	10.10.20.1	255.255.255.0	
3	财务部	30	10.10.30.1	255.255.255.0	
4	工程部	40	10.10.40.1	255.255.255.0	
5	互联	200	10.10.200.1	255.255.255.252	与路由器互联

3.3.5.2　出口路由器

出口路由器的信息规划见表 3.5。

表 3.5　　　　　　　　　　　　　　　出口路由器信息规划

序号	接口	IP 地址	掩码	备注
1	G0/0/0	10.10.100.2	255.255.255.252	与核心交换机 LSW1 互联
2	G0/0/1	10.10.200.2	255.255.255.252	与核心交换机 LSW2 互联

3.3.5.3　ISP 出口规划

ISP 出口的信息规划见表 3.6。

表 3.6　　　　　　　　　　　　　　　ISP 出口信息规划

序号	接口	IP 地址	掩码	网关	备注
1	G0/0/2	1.1.1.1	255.255.255.252	1.1.1.5	静态 IP 地址

3.3.6　操作步骤

3.3.6.1　接入交换机 LSW3 设备

（1）修改设备名，方法如下：

```
<Huawei>sys
[Huawei]sysname LSW3
[LSW3]undo info - center enable　#关闭消息提示
```

（2）划分 VLAN，方法如下：

```
[LSW3]vlan 10　#划分 vlan 10
[LSW3 - vlan10]description shengchanbu　#对 vlan 进行描述
[LSW3 - vlan10]quit　#退出

[LSW3]vlan 20　#划分 vlan 20
[LSW3 - vlan20]description xiaoshoubu　#对 vlan 进行描述
[LSW3 - vlan20]quit　#退出
```

（3）把连接 PC 的端口放到相应 VLAN 中，方法如下：

```
[LSW3]interface Ethernet 0/0/3　#进入端口 e0/0/3 中
[LSW3 - Ethernet0/0/3]port link - type access　#把端口设置为 access 模式
[LSW3 - Ethernet0/0/3]port default vlan 10　#把端口放入 vlan 10 中
[LSW3 - Ethernet0/0/3]quit　#退出
```

同样方法，对其他接口进行配置：

```
[LSW3]interface Ethernet 0/0/4
[LSW3 - Ethernet0/0/4]port link - type access
[LSW3 - Ethernet0/0/4]port default vlan 20
[LSW3 - Ethernet0/0/4]quit
```

（4）配置 Trunk，方法如下：

♯ 在连接核心交换机的上行端口 e0/0/1、e0/0/2 上设置 trunk，并允许相应的 vlan 通过该接口

[LSW3]interface Ethernet 0/0/1　♯进入端口 e0/0/1 中

[LSW3 - Ethernet0/0/1]port link - type trunk　♯把端口设置为 trunk 模式

[LSW3 - Ethernet0/0/1]port trunk allow - pass vlan 10 20　♯允许 vlan 10、vlan 20 通过

[LSW3 - Ethernet0/0/1]quit　♯退出

[LSW3]interface Ethernet 0/0/2

[LSW3 - Ethernet0/0/2]port link - type trunk

[LSW3 - Ethernet0/0/2]port trunk allow - pass vlan 10 20

[LSW3 - Ethernet0/0/2]quit

3.3.6.2　接入交换机 LSW4 设备

接入交换机 LSW4 的配置和 LSW3 的配置思路相似，下面给出配置代码。

（1）修改设备名，方法如下：

<Huawei>sys

[Huawei]sysname LSW4　♯修改设备名

[LSW4]undo info - center enable　♯关闭消息提示

（2）划分 VLAN，方法如下：

[LSW4]vlan 30　♯划分 vlan 30

[LSW4 - vlan10]description caiwubu　♯对 vlan 进行描述

[LSW4 - vlan10]quit　♯退出

[LSW4]vlan 40　♯划分 vlan 40

[LSW4 - vlan20]description gongchengbu　♯对 vlan 进行描述

[LSW4 - vlan20]quit　♯退出

（3）把连接 PC 的端口放到相应 VLAN 中，方法如下：

[LSW4]interface Ethernet 0/0/3　♯进入端口 e0/0/3 中

[LSW4 - Ethernet0/0/3]port link - type access　♯把端口设置为 access 模式

[LSW4 - Ethernet0/0/3]port default vlan 30　♯把端口放入 vlan 30 中

[LSW4 - Ethernet0/0/3]quit　♯退出

同样方法，对其他接口进行配置：

[LSW4]interface Ethernet 0/0/4

[LSW4 - Ethernet0/0/4]port link - type access

[LSW4 - Ethernet0/0/4]port default vlan 40

[LSW4 - Ethernet0/0/4]quit

（4）配置 Trunk，方法如下：

♯ 在连接核心交换机的上行端口 e0/0/1、e0/0/2 上设置 trunk，并允许相应的 vlan 通过该接口

[LSW4]interface Ethernet 0/0/1　♯进入端口 e0/0/1 中

[LSW4 – Ethernet0/0/1]port link – type trunk　♯把端口设置为 trunk 模式

[LSW4 – Ethernet0/0/1]port trunk allow – pass vlan 30 40　♯允许 vlan 30、vlan 40 通过

[LSW4 – Ethernet0/0/1]quit　♯退出

[LSW4]interface Ethernet 0/0/2

[LSW4 – Ethernet0/0/2]port link – type trunk

[LSW4 – Ethernet0/0/2]port trunk allow – pass vlan 30 40

[LSW4 – Ethernet0/0/2]quit

3.3.6.3　核心交换机设备 LSW1 的配置

（1）修改设备名，方法如下：

＜Huawei＞system – view

[Huawei]sysname LSW1

[LSW1]undo info – center enable　♯关闭消息提示

（2）划分 VLAN，方法如下：

[LSW1]vlan 10　♯划分 vlan 10

[LSW1 – vlan10]description shengchanbu　♯对 vlan 进行描述

[LSW1 – vlan10]quit　♯退出

同样方法，划分其他 VLAN：

[LSW1]vlan 20

[LSW1 – vlan20]description xiaoshoubu

[LSW1 – vlan20]quit

[LSW1]vlan 30

[LSW1 – vlan30]description caiwubu

[LSW1 – vlan30]quit

[LSW1]vlan 40

[LSW1 – vlan40]description gongchengbu

[LSW1 – vlan40]quit

[LSW1]vlan 100

[LSW1 – vlan100]description hulian

[LSW1 – vlan100]quit

（3）配置 VLANIF 接口 IP 地址，方法如下：

[LSW1]interface vlanif 10　♯进入 vlan 10 接口

[LSW1 – vlanif10]ip address 10.10.10.1 24　♯配置 ip 地址和掩码信息

[LSW1 – vlanif10]quit　♯退出

同样方法，对其他 VLAN 进行配置：

[LSW1]interface vlanif 20

[LSW1 – vlanif20]ip address 10.10.20.1 24

[LSW1 – vlanif20]quit

[LSW1]interface vlanif 30

[LSW1 – vlanif30]ip address 10.10.30.1 24

[LSW1 – vlanif30]quit

[LSW1]interface vlanif 40

[LSW1 – vlanif30]ip address 10.10.40.1 24

[LSW1 – vlanif30]quit

[LSW1] interface vlanif 100

[LSW1 – Vlanif100] ip address 10.10.100.1 30

[LSW1 – Vlanif100] quit

（4）配置 Trunk，方法如下：

＃在连接接入层交换机的端口设置为 trunk,并允许相应的 vlan 通过该接口

[LSW1]interface GigabitEthernet 0/0/2　＃进入端口

[LSW1 – GigabitEthernet0/0/2]port link – type trunk　＃设置端口为 trunk

[LSW1 – GigabitEthernet0/0/2]port trunk allow – pass vlan 10 20　＃设置允许通过的 vlan

[LSW1 – GigabitEthernet0/0/2]quit　＃退出

[LSW1]interface GigabitEthernet 0/0/3　＃进入端口

[LSW1 – GigabitEthernet0/0/3]port link – type trunk　＃设置端口为 trunk

[LSW1 – GigabitEthernet0/0/3]port trunk allow－pass vlan 30 40　＃设置允许通过的 vlan

[LSW1 – GigabitEthernet0/0/3]quit　＃退出

[LSW1]interface GigabitEthernet 0/0/4　＃进入端口

[LSW1 – GigabitEthernet0/0/3]port link – type trunk　＃设置端口为 trunk

[LSW1 – GigabitEthernet0/0/4]port trunk allow – pass vlan 10 20 30 40　＃设置允许通过的 vlan

[LSW1 – GigabitEthernet0/0/3]quit　＃退出

（5）配置 MSTP，方法如下：

[LSW1]stp mode mstp　＃配置模式为 MSTP 模式,华为交换机默认是 MSTP 模式,该步骤可以省略

[LSW1]stp region – configuration　＃进入 stp 配置

[LSW1 – mst – region]region – name sd001　＃配置域名为 sd001

[LSW1 – mst – region]instance 1 vlan 10 20　＃配置 vlan 10、vlan 20 映射为实例 1

[LSW1 – mst – region]instance 2 vlan 30 40　＃配置 vlan 30、vlan 40 映射为实例 2

[LSW1 – mst – region]active region – configuration　＃激活 mstp 域的配置

Info：This operation may take a few seconds. Please wait for a moment...done

［LSW1－mst－region］quit ♯退出

［LSW1］stp instance 1 root primary ♯配置在实例1中交换机 LSW1 为根桥
［LSW1］stp instance 2 root secondary ♯配置在实例2中交换机 LSW1 为备份根桥

（6）配置 VRRP，方法如下：

［LSW1］interface vlan 10 ♯进入 vlan10 接口
［LSW1－Vlanif10］vrrp vrid 1 virtual－ip 10.10.10.254 ♯创建 vrrp 组1,虚拟网关为 10.10.10.254
［LSW1－Vlanif10］vrrp vrid 1 priority 200 ♯设置 vrrp 组1的优先级为200,缺省为100,用途是和另一个核心交换机 LSW2 比较,此交换机的 vrrp 组1优先级较高,工作在 Master 状态
［LSW1－Vlanif10］vrrp vrid 1 preemtp－mode ♯设置为抢占模式
［LSW1－Vlanif10］vrrp vrid 1 track interface GigabitEthernet 0/0/1 reduced 150 ♯监控上行端口 G0/0/1,如果端口 Down 掉则优先级降低 150
［LSW1－Vlanif10］quit ♯退出

同样的方法，创建 VRRP 组 2、3、4：

［LSW1］interface vlan 20
［LSW1－Vlanif20］vrrp vrid 2 virtual－ip 10.10.20.254
［LSW1－Vlanif20］vrrp vrid 2 priority 200 ♯设置 vrrp 组2的优先级为200,缺省为100,用途是和另一个核心交换机 LSW2 比较,此交换机的 vrrp 组2优先级较高,工作在 Master 状态
［LSW1－Vlanif20］vrrp vrid 2 preemtp－mode
［LSW1－Vlanif20］vrrp vrid 2 track interface GigabitEthernet 0/0/1 reduced 150
［LSW1－Vlanif20］quit

［LSW1］interface Vlanif 30
［LSW1－Vlanif30］vrrp vrid 3 virtual－ip 10.10.30.254
［LSW1－Vlanif30］vrrp vrid 3 priority 100 ♯设置 vrrp 组3的优先级为100,缺省为100,此命令可以忽略,用途是和另一个核心交换机 LSW2 比较,此交换机交换机的 vrrp 组3优先级较低,工作在 Backup 状态
［LSW1－Vlanif30］quit

［LSW1］interface Vlanif 40
［LSW1－Vlanif40］ip address 10.10.40.1 24
［LSW1－Vlanif40］vrrp vrid 4 virtual－ip 10.10.40.254
［LSW1－Vlanif40］vrrp vrid 4 priority 100 ♯设置 vrrp 组3的优先级为100,缺省为100,此命令可以忽略,用途是和另一个核心交换机 LSW2 比较,此交换机交换机的 vrrp 组4优先级较低,工作在 Backup 状态
［LSW1－Vlanif40］quit

（7）检查 VRRP 配置，方法如下：

［LSW1］display vrrp brief

VRID	State	Interface	Type	Virtual IP
1	Master	Vlanif10	Normal	10.10.10.254

♯VRRP 组1绑定 vlan10,工作在 Master 状态,虚拟网关是 10.10.10.254

| 2 | Master | Vlanif20 | Normal | 10. 10. 20. 254 |
| 3 | Backup | Vlanif30 | Normal | 10. 10. 30. 254 |

♯VRRP 组 3 绑定 vlan30,工作在 Backup 状态,虚拟网关是 10.10.30.254

| 4 | Backup | Vlanif40 | Normal | 10. 10. 40. 254 |

Total:4　　Master:2　　Backup:2　　Non-active:0

（8）配置与出口路由器互联接口，方法如下：

［LSW1］interface GigabitEthernet 0/0/1　♯进入端口

［LSW1-GigabitEthernet0/0/1］port link-type access　♯设置端口为 access 模式

［LSW1-GigabitEthernet0/0/1］port default vlan 100　♯把端口划分到 vlan 100 中

［LSW1-GigabitEthernet0/0/2］quit　♯退出

（9）配置动态路由 OSPF，方法如下：

［LSW1］ospf　♯配置 OSPF 路由

［LSW1-ospf-1］import-route direct　♯导入直连路由

［LSW1-ospf-1］area 0　♯区域 0

［LSW1-ospf-1-area-0.0.0.0］network 10.10.100.0 0.0.0.3　♯通告网络

［LSW1-ospf-1-area-0.0.0.0］quit　♯退出

［LSW1　ospf　1］quit　♯退出

3.3.6.4　核心交换机设备 LSW2 的配置

（1）修改设备名，方法如下：

＜Huawei＞system-view

［Huawei］sysname LSW2

［LSW2］undo info-center enable　♯关闭消息提示

（2）划分 VLAN，方法如下：

［LSW2］vlan 10　♯划分 vlan 10

［LSW2-vlan10］description shengcanbu　♯对 vlan 进行描述

［LSW2-vlan10］quit　♯退出

同样方法，划分其他 VLAN：

［LSW2］vlan 20

［LSW2-vlan20］description xiaoshoubu

［LSW2-vlan20］quit

［LSW2］vlan 30

［LSW2-vlan30］description caiwubu

［LSW2-vlan30］quit

［LSW2］vlan 40

［LSW2-vlan40］description gongchengbu

［LSW2 - vlan40］quit

［LSW2］vlan 100
［LSW2 - vlan100］description hulian
［LSW2 - vlan100］quit

（3）配置 VLANIF 接口 IP 地址，方法如下：

［LSW2］interface vlanif 10　♯进入 vlan 10 接口
［LSW2 - vlanif10］ip address 10. 10. 10. 2 24　♯配置 ip 地址和掩码信息
［LSW2 - vlanif10］quit　♯退出

同样方法，对其他 VLAN 进行配置：

［LSW2］interface vlanif 20
［LSW2 - vlanif20］ip address 10. 10. 20. 2 24
［LSW2 - vlanif20］quit

［LSW2］interface vlanif 30
［LSW2 - vlanif30］ip address 10. 10. 30. 2 24
［LSW2 - vlanif30］quit

［LSW2］interface vlanif 40
［LSW2 - vlanif30］ip address 10. 10. 40. 2 24
［LSW2 - vlanif30］quit

［LSW2］interface vlanif 200
［LSW2 - Vlanif100］ip address 10. 10. 200. 1 30
［LSW2 - Vlanif100］quit

（4）配置 Trunk，方法如下：

♯ 在连接接入层交换机的端口设置为 trunk,并允许相应的 vlan 通过该接口
［LSW2］interface GigabitEthernet 0/0/2　♯进入端口
［LSW2 - GigabitEthernet0/0/2］port link - type trunk　♯设置端口为 trunk
［LSW2 - GigabitEthernet0/0/2］port trunk allow - pass vlan 10 20　♯设置允许通过的 vlan
［LSW2 - GigabitEthernet0/0/2］quit　♯退出

［LSW2］interface GigabitEthernet 0/0/3　♯进入端口
［LSW2 - GigabitEthernet0/0/3］port link - type trunk　♯设置端口为 trunk
［LSW2 - GigabitEthernet0/0/3］port trunk allow - pass vlan 30 40　♯设置允许通过的 vlan
［LSW2 - GigabitEthernet0/0/3］quit　♯退出

［LSW2］interface GigabitEthernet 0/0/4　♯进入端口
［LSW2 - GigabitEthernet0/0/3］port link - type trunk　♯设置端口为 trunk

[LSW2 – GigabitEthernet0/0/4]port trunk allow – pass vlan 10 20 30 40 ♯设置允许通过的 vlan

[LSW2 – GigabitEthernet0/0/3]quit ♯退出

（5）配置 MSTP，方法如下：

[LSW2]stp mode mstp ♯配置模式为 MSTP 模式,华为交换机默认是 MSTP 模式,该步骤可以省略

[LSW2]stp region – configuration ♯进入 stp 配置

[LSW2 – mst – region]region – name sd001 ♯配置域名为 sd001

[LSW2 – mst – region]instance 1 vlan 10 20 ♯配置 vlan 10、20 映射为实例 1

[LSW2 – mst – region]instance 2 vlan 30 40 ♯配置 vlan 30、40 映射为实例 2

[LSW2 – mst – region]active region – configuration ♯激活 mstp 域的配置

Info：This operation may take a few seconds. Please wait for a moment...done

[LSW2 – mst – region]quit ♯退出

[LSW2]stp instance 1 root secondary ♯配置在实例 1 中交换机 LSW2 为备份根桥

[LSW2]stp instance 2 root primary ♯配置在实例 2 中交换机 LSW2 为根桥

（6）配置 VRRP，方法如下：

[LSW2]interface vlan 10 ♯进入 vlan10 接口

[LSW2 – Vlanif10]vrrp vrid 1 virtual – ip 10.10.10.254 ♯创建 vrrp 组 1,虚拟网关为 10.10.10.254

[LSW2 – Vlanif10]vrrp vrid 1 priority 100 ♯设置 vrrp 组 1 的优先级为 100,此命令可以忽略,缺省为 100,用途是和另一个核心交换机 LSW1 比较,此交换机的 vrrp 组 1 优先级较低,工作在 Backup 状态

[LSW2 – Vlanif10]quit ♯退出

同样的方法，创建 VRRP 组 2、3、4：

[LSW2]interface vlan 20

[LSW2 – Vlanif20]vrrp vrid 2 virtual – ip 10.10.20.254

[LSW2 – Vlanif20]vrrp vrid 2 priority 100 ♯设置 vrrp 组 2 的优先级为 100,此命令可以忽略,缺省为 100,用途是和另一个核心交换机 LSW2 比较,此交换机的 vrrp 组 2 优先级较低,工作在 Backup 状态

[LSW2 – Vlanif20]quit

[LSW2]interface Vlanif 30

[LSW2 – Vlanif30]vrrp vrid 3 virtual – ip 10.10.30.254

[LSW2 – Vlanif30]vrrp vrid 3 priority 200 ♯设置 vrrp 组 3 的优先级为 200,缺省为 100,用途是和另一个核心交换机 LSW1 比较,此交换机交换机的 vrrp 组 3 优先级较高,工作在 Master 状态

[LSW2 – Vlanif20]vrrp vrid 2 preemtp – mode ♯设置抢占模式

[LSW2 – Vlanif20]vrrp vrid 2 track interface GigabitEthernet 0/0/1 reduced 150 ♯监控上行端口 G0/0/1,如果端口 Down 掉则优先级降低 150

[LSW2 – Vlanif30]quit

[LSW2]interface Vlanif 40

[LSW2 – Vlanif40]ip address 10.10.40.1 24

[LSW2 – Vlanif40]vrrp vrid 4 virtual – ip 10.10.40.254

［LSW2 - Vlanif40］vrrp vrid 4 priority 200　#设置 vrrp 组 3 的优先级为 200,缺省为 100,此命令可以忽略,用途是和另一个核心交换机 LSW1 比较,此交换机交换机的 vrrp 组 4 优先级较高,工作在 Master 状态

［LSW2 - Vlanif40］quit

（7）检查 VRRP 配置,方法如下:

［LSW2］display vrrp brief

VRID	State	Interface	Type	Virtual IP
1	Backup	Vlanif10	Normal	10.10.10.254

#vrrp 组 1 绑定 vlan 10,工作在 Backup 状态,虚拟网关是 10.10.10.254

2	Backup	Vlanif20	Normal	10.10.20.254
3	Master	Vlanif30	Normal	10.10.30.254

#vrrp 组 3 绑定 vlan 30,工作在 Master 状态,虚拟网关是 10.10.30.254

4	Master	Vlanif40	Normal	10.10.40.254

Total:4　　Master:2　　Backup:2　　Non - active:0

（8）配置与出口路由器互联接口,方法如下:

［LSW2］interface GigabitEthernet 0/0/1　#进入端口

［LSW2 - GigabitEthernet0/0/1］port link - type access　#设置端口为 access 模式

［LSW2 - GigabitEthernet0/0/1］port default vlan 200　#把端口划分到 vlan 200 中

［LSW2 - GigabitEthernet0/0/2］quit　#退出

（9）配置动态路由 OSPF,方法如下:

［LSW2］ospf　#配置 OSPF 路由

［LSW2 - ospf - 1］import - route direct　#导入直连路由

［LSW2 - ospf - 1］area 0　#区域 0

［LSW2 - ospf - 1 - area - 0.0.0.0］network 10.10.200.0 0.0.0.3　#通告网络

［LSW2 - ospf - 1 - area - 0.0.0.0］quit　#退出

［LSW2 - ospf - 1］quit　#退出

3.3.6.5　出口设备

（1）修改设备名,方法如下:

＜Huawei＞system - view

［Huawei］sysname AR1　#修改设备名

［AR1］undo info - center enable　#关闭消息提示

（2）给接口配置 IP 地址,方法如下:

［AR1］interface GigabitEthernet 0/0/0　#进入内网口

［AR1 - GigabitEthernet0/0/0］ip address 10.10.100.2 30　#给内网口配置地址

［AR1 - GigabitEthernet0/0/0］quit　#退出

［AR1］interface GigabitEthernet 0/0/1　#进入内网口

［AR1 - GigabitEthernet0/0/1］ip address 10.10.200.2 30　#给内网口配置地址

〔AR1 – GigabitEthernet0/0/1〕quit　♯退出

〔AR1〕interface GigabitEthernet 0/0/2　♯进入外网口

〔AR1 – GigabitEthernet0/0/2〕ip address 1.1.1.1 29　♯给外网口配置地址

〔AR1 – GigabitEthernet0/0/2〕quit　♯退出

（3）配置局域网用户通过 NAT 转换将私网地址转换为公网地址，进行上网，方法如下：

〔AR1〕acl number 2000　♯定义一个标准 acl

〔AR1 – acl – basic – 2000〕rule permit source any　♯规则是允许源地址为任何人

〔AR1 – acl – basic – 2000〕quit　♯退出

〔AR1〕nat address – group gxsd 1.1.1.1 1.1.1.5　♯创建 nat 转换地址池

〔AR1〕interface GigabitEthernet 0/0/2　♯进入外网口

〔AR1 – GigabitEthernet0/0/1〕nat outbound 2000 address – group gxsd　♯允许 acl 编号 2000 匹配的计算机能通过地址池 gxsd 的地址上网

〔AR1 – GigabitEthernet0/0/1〕quit　♯退出

（4）配置到 Internet 的默认路由，方法如下：

〔AR1〕ip route—static 0.0.0.0 0 1.1.1.6　♯任何到 Internet 的数据都往 1.1.1.6 地址送

（5）配置动态路由 OSPF，方法如下：

〔AR1〕ospf

〔AR1 – ospf – 1〕default – route – advertise　♯将缺省路由通告到整个 OSPF 域中

〔AR1 – ospf – 1〕area 0　♯进入区域 0

〔AR1 – ospf – 1 – area – 0.0.0.0〕network 10.10.100.0 0.0.0.3　♯通过网络

〔AR1 – ospf – 1 – area – 0.0.0.0〕network 10.10.200.0 0.0.0.3　♯通过网络

〔AR1 – ospf – 1 – area – 0.0.0.0〕quit　♯退出

〔AR1 – ospf – 1〕quit　♯退出

某县公安局网络项目

4.1 项 目 导 入

    某县公安局办公大楼对网络系统的要求是极高的，由于该单位职能的特殊性，对网络设计具有一定的特殊要求。除了方便办公外，对网络安全也不同于一般的办公环境。网络的建设应以业务为中心，立足公安系统工作的现实和发展，建成覆盖全县公安系统的信息网络，实现并模数据的传输交换，建设并不断完善网络系统和运行管理体系，建设网络应用平台、推进业务应用建设，满足公安系统信息化要求及提高工作效率的需要，为整合信息资源奠定基础。

4.2 相 关 知 识 点

4.2.1 端口安全

    端口安全（Port Security），可根据 MAC 地址来做对网络流量的控制和管理，通过 MAC 地址表记录连接到交换机端口的以太网 MAC 地址，并只允许某个 MAC 地址通过本端口通信。其他 MAC 地址发送的数据包通过此端口时，端口安全特性会阻止它。使用端口安全特性可以防止未经允许的设备访问网络，并增强安全性，并可防止 MAC 地址泛洪造成 MAC 地址表填满。

4.2.1.1 MAC 地址表分为三张

    （1）静态 MAC 地址表。手工绑定，优先级高于动态 MAC 地址表。

    （2）动态 MAC 地址表。交换机收到数据帧后会将源 MAC 学习到 MAC 地址表中。

    （3）黑洞 MAC 地址表。手工绑定或自动学习，用于丢弃指定 MAC 地址。

4.2.1.2 MAC 地址表的管理命令

    （1）查看 MAC 地址表，方法如下：

    ＜Huawei＞display mac‑address

    （2）配置静态 MAC 地址表，方法如下：

    ［Huawei］mac‑address static 5489‑98C0‑7E34 GigabitEthernet 0/0/1 vlan 1　♯ 将 mac 地址绑定到接口 g0/0/1 在 vlan 1 中有效

    （3）配置黑洞 MAC 地址表，方法如下：

    ［Huawei］mac‑address blackhole 5489‑987f‑161a vlan 1　♯ 在 vlan 1 中收到源或目的为此 mac 时丢弃帧

（4）禁止端口学习 MAC 地址，可以在端口或者 VLAN 中禁止 MAC 地址学习功能，方法如下：

［Huawei‑GigabitEthernet0/0/1］mac‑address learning disable action discard

（5）禁止学习 MAC 地址，并将收到的所有帧丢弃，也可以在 VLAN 中配置，方法如下：

［Huawei‑GigabitEthernet0/0/1］mac‑address learning disable action forward

（6）禁止学习 MAC 地址，但是将收到帧以泛红方式转发（交换机对于未知目的 MAC 地址转发原理），也可以在 VLAN 中配置。

（7）限制 MAC 地址学习数量，可以端口或者 VLAN 中配置，方法如下：

［Huawei‑GigabitEthernet0/0/1］mac‑limit maximum 9 alarm enable

交换机限制 MAC 地址学习数量为 9 个，并在超出数量时发出告警，超过的 MAC 数量将无法被端口学习到，但是可以通过泛红转发（交换机对于未知目的 MAC 地址转发原理），也可以在 VLAN 中配置。

（8）配置端口安全动态 MAC 地址。此功能是将动态学习到的 MAC 地址设置为安全属性，其他没有被学习到的非安全属性的 MAC 的帧将被端口丢弃，方法如下：

［Huawei‑GigabitEthernet0/0/3］port‑security enable　♯打开端口安全功能

［Huawei‑GigabitEthernet0/0/3］port‑security max‑mac‑num 1　♯限制安全 MAC 地址最大数量为 1 个，默认为 1

［Huawei‑GigabitEthernet0/0/3］port‑security protect‑action{*protect|restrict|shutdown*}　♯配置有非法 MAC 地址的数据帧进入是时交换机处理方法，当选项为 *protect* 时，丢弃数据帧，不产生告警信息；当选项为 *restrict* 时，丢弃数据帧，且产生告警信息；当选项为 *shutdown* 时，丢弃数据帧，并将交换机端口关闭

［Huawei‑GigabitEthernet0/0/3］port‑security aging‑time 300　♯配置安全 MAC 地址的老化时间 300s，默认不老化

在端口安全动态 MAC 地址中，配置如上的话，在 g0/0/3 端口学习到的第一个 MAC 地址设置为安全 MAC 地址，此外其他 MAC 地址在接入端口的话都不给予转发，在 300s 后刷新安全 MAC 地址表，并且重新学习安全 MAC 地址，（哪个 MAC 地址）先到就先被学到端口并设置为安全 MAC 地址，但是在交换机重启后安全 MAC 地址会被清空重新学习。

（9）配置端口安全 Sticky 粘贴 MAC 地址。此功能与端口安全动态 MAC 地址一直，唯一不同的是粘贴 MAC 地址不会老化，切交换重启后依然存在，动态安全 MAC 地址只能动态学到而安全粘贴 MAC 可以动态学习也可以手工配置，方法如下：

［Huawei‑GigabitEthernet0/0/3］port‑security enable　♯ 打开端口安全功能

［Huawei‑GigabitEthernet0/0/3］port‑security mac‑address sticky　♯打开安全粘贴 mac 功能

［Huawei‑GigabitEthernet0/0/3］port‑security max‑mac‑num 1　♯限制安全 mac 地址最大数量为 1 个，默认为 1

［Huawei‑GigabitEthernet0/0/3］port‑security mac‑address sticky 5489‑98D8‑71D5 vlan 1　♯手工绑定粘贴

mac 地址和所属 vlan

〔Huawei‐GigabitEthernet0/0/3〕port‐security protect‐action restrict　♯配置其他非安全 mac 地址数据帧的处理动作

（10）查看粘贴 MAC 地址状态，方法如下：

〔Huawei‐GigabitEthernet0/0/3〕display mac‐address

MAC address table of slot 0：

MAC Address	VLAN/ VSI/SI	PEVLAN	CEVLAN	Port	Type	LSP/LSR‐ID MAC‐Tunnel
5489‐98d8‐71d5	1	—	—	GE0/0/3	sticky	—

Total matching items on slot 0 displayed＝1

〔Huawei‐GigabitEthernet0/0/3〕

4.2.2　MUX VLAN

4.2.2.1　概述

MUX VLAN 是一种二层流量隔离机制，实现在企业网中实现数据的隔离。例如，客户与客户之间不可互相访问，客户与员工之间不可互相访问，员工与员工之间可以互相访问，员工与客户都可以访问服务器。

MUX VLAN 分为 Principal VLAN（主 VLAN）和 Subordinate VLAN（从 VLAN），从 VLAN 分为 Group VLAN（互通从 VLAN）和 Separate VLAN（隔离型从 VLAN）。

通信权限如下：

（1）Principal VLAN（主 VLAN）端口可以和所有 VLAN 通信。

（2）Group VLAN（互通型从 VLAN）可以和自己 VLAN 间成员通信，能和 Principal VLAN（主 VLAN）通信。

（3）Separate VLAN（隔离型从 VLAN）只能和 Principal VLAN（主 VLAN）通信，自己 VLAN 的成员也不可通信。

4.2.2.2　配置代码

配置时要注意的是，所有主机必须在同一子网，交换机端口必须为 access 模式加入 vlan 中，配置 MUX VLAN 不能用于 VLANIF 接口、VLAN Mapping、VLAN Stacking、Super‐VLAN、Sub‐VLAN 的配置。

配置代码如下：

```
〔Huawei〕vlan batch 10 20 30                         ♯创建 vlan 10、vlan 20、vlan 30
〔Huawei〕vlan 10                                    ♯进入 vlan 管理视图
〔Huawei‐vlan10〕mux‐vlan                             ♯配置 vlan 10 为 Principal vlan
〔Huawei‐vlan10〕subordinate group 20                ♯配置 vlan 20 为互通型从 vlan
〔Huawei‐vlan10〕subordinate separate 30             ♯配置 vlan 30 为隔离型从 vlan
〔Huawei‐vlan10〕quit                                ♯退出
〔Huawei〕interface g0/0/1                            ♯进入接口 G0/1/1
〔Huawei‐GigabitEthernet0/0/1〕port link‐type access  ♯配置接口模式为 access
```

〔Huawei‑GigabitEthernet0/0/1〕port default vlan 10　　♯将接口加入 vlan 10

〔Huawei‑GigabitEthernet0/0/1〕port mux‑vlan enable　　♯开启接口的 mux‑vlan 功能

〔Huawei‑GigabitEthernet0/0/1〕interface g0/0/2　　♯进入接口 G0/0/2

〔Huawei‑GigabitEthernet0/0/2〕port link‑type access　　♯配置接口模式为 access

〔Huawei‑GigabitEthernet0/0/2〕port default vlan 20　　♯将接口加入 vlan 20

〔Huawei‑GigabitEthernet0/0/2〕port mux‑vlan enable　　♯开启接口的 mux‑vlan 功能

〔Huawei‑GigabitEthernet0/0/2〕int g0/0/3

〔Huawei‑GigabitEthernet0/0/3〕port link‑type access

〔Huawei‑GigabitEthernet0/0/3〕port default vlan 20

〔Huawei‑GigabitEthernet0/0/3〕port mux‑vlan enable

〔Huawei‑GigabitEthernet0/0/3〕int g0/0/4

〔Huawei‑GigabitEthernet0/0/4〕port link‑type access

〔Huawei‑GigabitEthernet0/0/4〕port default vlan 30

〔Huawei‑GigabitEthernet0/0/4〕port mux‑vlan enable

〔Huawei‑GigabitEthernet0/0/4〕int g0/0/5

〔Huawei‑GigabitEthernet0/0/5〕port link‑type access

〔Huawei‑GigabitEthernet0/0/5〕port default vlan 30

〔Huawei‑GigabitEthernet0/0/5〕port mux‑vlan enable

4.2.2.3 检验配置

使用 display mux‑vlan 查看 mux‑vlan 的信息，方法如下：

〔Huawei〕display mux‑vlan

Principal	Subordinate	Type	Interface
10	—	principal	GigabitEthernet0/0/1
10	30	separate	GigabitEthernet0/0/4 GigabitEthernet0/0/5
10	20	group	GigabitEthernet0/0/2 GigabitEthernet0/0/3

从以上信息可以看出，交换机端口 G0/0/1 在主 VLAN 中，端口 G0/0/5 和 G0/0/5 在隔离型从 VLAN 30 中，端口 G0/0/2 和 G0/0/3 在互通型从 VLAN 20 中。

4.3　项　目　实　施

4.3.1　项目需求

（1）全网使用 OSPF 路由协议交互路由信息。

（2）接入交换机上针对于某些 PC 机进行 IP＋MAC＋VLAN 的绑定。

（3）内部网络中，针对于某些地址段限制的上网时间。

（4）同一 VLAN 中大家都可以访问服务器，同一 VLAN 中的部分员工相互隔离，不能相互访问。

4.3.2　设备清单

本项目用的设备主要有三层交换机、二层交换机、出口路由器等，具体型号功能见

表 4.1。

表 4.1	网 络 设 备 清 单			
序号	设备型号	数量	功 能	备 注
1	AR2240	1	出口路由器	
2	S5700	1	核心交换机	
3	S3700-52P-LI-AC	20	接入交换机	

4.3.3 项目拓扑

本项目的网络拓扑，如图 4.1 所示。

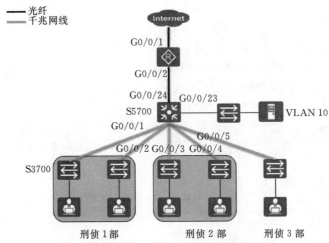

图 4.1 某县公安局网络拓扑图

4.3.4 配置思路

项目采用如下的思路配置：

(1) 出口路由器配置 L2TP VPN 服务器。

(2) 出口路由器配置基于时间的 ACL 策略限制内部部分 IP 地址的上网时间。

(3) 采用 32 位掩码的 lookback 地址作为 OSPF 的 router ID。

(4) 接入层交换机配置端口安全机制限制端口终端接入。

(5) 在核心交换机采用 MUX VLAN 实现同一 VLAN 中的隔离。

4.3.5 相关信息规划

4.3.5.1 核心交换机

核心交换机信息规划见表 4.2。

其中办公地址段中：192.168.10.250 这个 IP 地址只允许在工作日早上 8 点至 9 点进行因特网访问。

表 4.2			核心交换机信息规划表		
序号	使用部门	VLAN 号	IP 地址	掩 码	备 注
1	刑侦 1 部	10			手动获取
2	刑侦 2 部	11	192.168.10.1	255.255.255.0	手动获取
3	刑侦服务器	12			192.168.10.250
4	刑侦 3 部	13	192.168.30.1	255.255.255.0	
5	交换机管理	255	192.168.255.1	255.255.255.0	
6	互联 1	1000	192.168.250.1	255.255.255.252	与路由器互联
7	Lookback 0		192.168.254.2	255.255.255.255	

4.3.5.2 出口路由器

出口路由器信息规划见表 4.3。

表 4.3		出口路由器信息规划表		
序号	接口	IP 地址	掩 码	备 注
1	G0/0/2	192.168.250.2	255.255.255.252	与核心交换机互联
2	Lookback 0	192.168.255.1	255.255.255.255	

4.3.5.3 ISP 出口规划

ISP 出口信息规划见表 4.4。

表 4.4			ISP 出口信息规划表		
序号	接口	IP 地址	掩 码	网关	备注
1	G0/0/1	1.1.1.2	255.255.255.192	1.1.1.1	静态 IP 地址

4.3.6 操作步骤

4.3.6.1 接入交换机

配置接入交换机（列举一台），方法如下：

```
<HUAWEI> system - view
[HUAWEI] YLRXGA _SW_S3700_1
[YLRXGA _SW_S3700_1] vlan batch 10 11 12 13 255 1000
[YLRXGA _SW_S3700_1] interface gigabitethernet 0/0/1
[YLRXGA _SW_S3700_1 - GigabitEthernet0/0/1] port link - type trunk
[YLRXGA _SW_S3700_1 - GigabitEthernet0/0/1] port trunk allow - pass vlan all
[YLRXGA _SW_S3700_1] interface ethernet 1/0/1
[YLRXGA _SW_S3700_1 - Ethernet0/0/1] port link - type access
[YLRXGA _SW_S3700_1 - Ethernet0/0/1] port default vlan 11
[YLRXGA _SW_S3700_1] user - bind static ip - address 192.168.10.100 mac - address 0002 - 0002 - 0002 interface ethernet 0/0/1
[YLRXGA _SW_S3700_1] vlan 11
```

［YLRXGA _SW_S3700_1 – vlan11］ip source check user – bind enable

4.3.6.2　核心交换机

（1）配置设备间的网络互连，方法如下：

＜HUAWEI＞ system – view

［HUAWEI］ sysname YLRXGA _SW

［YLRXGA _SW］ vlan batch 1000 1001

［YLRXGA _SW］ interface gigabitethernet 1/0/23

［YLRXGA _SW – GigabitEthernet1/0/23］ port link – type access

［YLRXGA _SW – GigabitEthernet1/0/23］ port default vlan 1000

［YLRXGA _SW］ interface vlanif 1000

［YLRXGA _SW – Vlanif1000］ ip address 192. 168. 250. 1

［YLRXGA _SW – Vlanif1000］ quit

（2）配置 OSPF，方法如下：

［YLRXGA _SW］ ospf 1

［YLRXGA _SW – ospf – 1］ area 0

［YLRXGA _SW – ospf – 1 – area – 0. 0. 0. 0］ network 192. 168. 250. 0 0. 0. 0. 255

［YLRXGA _SW – ospf – 1 – area – 0. 0. 0. 0］ quit

［YLRXGA _SW – ospf – 1］ quit

（3）配置 LOOPBACK 地址，方法如下：

［YLRXGA _SW］ interface loopback 0

［YLRXGA _SW – LoopBack0］ip address 192. 168. 254. 2 255. 255. 255. 255

（4）配置 ROUTER ID，方法如下：

［YLRXGA _SW］ router id 192. 168. 254. 2

（5）配置网关，方法如下：

［YLRXGA _SW］Vlan batch 10 11 12 13 255

［YLRXGA _SW］ interface vlanif 10

［YLRXGA _SW – Vlanif10］ ip address 192. 168. 10. 1 24

［YLRXGA _SW – Vlanif10］ quit

［YLRXGA _SW］ interface vlanif 13

［YLRXGA _SW – Vlanif13］ ip address 192. 168. 30. 1 24

［YLRXGA _SW – Vlanif13］ quit

［YLRXGA _SW］ interface vlanif 255

［YLRXGA _SW – Vlanif255］ ip address 192. 168. 255. 1 24

［YLRXGA _SW – Vlanif255］ quit

（6）配置 MUX VLAN，方法如下：

［YLRXGA _SW］vlan 10

［YLRXGA _SW – vlan10］ mux – vlan

〔YLRXGA _SW－vlan10〕subordinate group 11

〔YLRXGA _SW－vlan01〕subordinate separate 12

〔YLRXGA _SW－vlan01〕quit

（7）配置接口加入 VLAN 并且使能 MUX VLAN，方法如下：

〔YLRXGA _SW〕interface gigabitethernet 0/0/23

〔YLRXGA _SW－GigabitEthernet0/0/23〕port link－type trunk

〔YLRXGA _SW－GigabitEthernet0/0/23〕port trunk allow－pass vlan 10

〔YLRXGA _SW－GigabitEthernet0/0/23〕port mux－vlan enable vlan 10

〔YLRXGA _SW－GigabitEthernet0/0/23〕quit

〔YLRXGA _SW〕interface gigabitethernet 0/0/1

〔YLRXGA－GigabitEthernet0/0/1〕port link－type trunk

〔YLRXGA－GigabitEthernet0/0/1〕port trunk allow－pass vlan 11

〔YLRXGA－GigabitEthernet0/0/1〕port mux－vlan enable vlan 11

〔YLRXGA－GigabitEthernet0/0/1〕quit

〔YLRXGA〕interface gigabitethernet 0/0/2

〔YLRXGA－GigabitEthernet0/0/2〕port link－type trunk

〔YLRXGA－GigabitEthernet0/0/2〕port trunk allow－pass vlan 11

〔YLRXGA－GigabitEthernet0/0/2〕port mux－vlan enable vlan 11

〔YLRXGA－GigabitEthernet0/0/2〕quit

〔YLRXGA〕interface gigabitethernet 0/0/3

〔YLRXGA－GigabitEthernet0/0/3〕port link－type trunk

〔YLRXGA－GigabitEthernet0/0/3〕port trunk allow－pass vlan 12

〔YLRXGA－GigabitEthernet0/0/3〕port mux－vlan enable vlan 12

〔YLRXGA－GigabitEthernet0/0/3〕quit

〔YLRXGA〕interface gigabitethernet 0/0/4

〔YLRXGA－GigabitEthernet0/0/4〕port link－type trunk

〔YLRXGA－GigabitEthernet0/0/4〕port trunk allow－pass vlan 12

〔YLRXGA－GigabitEthernet0/0/4〕port mux－vlan enable vlan 12

〔YLRXGA－GigabitEthernet0/0/4〕quit

4.3.6.3 出口设备相关配置

（1）外网出口配置 IP 地址，方法如下：

＜Huawei＞system－view

〔Huawei〕sysname LWCD_AR2240

〔LWCD_AR2240〕interface gigabitethernet 0/0/1

〔LWCD_AR2240－GigabitEthernet0/0/1〕ip address 1.1.1.2 255.255.255.192

（2）基于时间段的 ACL。

1）配置时间段，方法如下：

〔YLRXGA__AR2240〕time－range satime 8:00 to 9:00 working－day

2）配置 ACL，方法如下：

［YLRXGA__AR2240］acl 3001

［YLRXGA_AR2240 – acl – adv – 3001］rule 5 permit ip source 192. 168. 30. 250 0. 0. 0. 0 time – range satime

［YLRXGA _AR2240 – acl – adv – 3001］rule 7 deny ip source 192. 168. 30. 250 0. 0. 0. 0

［YLRXGA _AR2240 – acl – adv – 3001］rule 10 permit ip source 192. 168. 30. 250 0. 0. 0. 255

［YLRXGA _AR2240 – acl – adv – 3001］rule 25 permit ip source 192. 168. 10. 250 0. 0. 0. 255

（3）NAT 地址转换，方法如下：

［YLRXGA _AR2240］interface gigabitethernet 0/0/1

［YLRXGA _AR2240 – GigabitEthernet0/0/1］nat outbound 3001

［YLRXGA _AR2240 – GigabitEthernet0/0/1］quite

（4）默认路由，方法如下：

［YLRXGA _AR2240］ip route – static 0. 0. 0. 0 0 1. 1. 1. 1

（5）OSPF。

1）配置 LOOPBACK 地址，方法如下：

［YLRXGA _AR2240］interface loopback 0

［YLRXGA _AR2240 – LoopBack0］ip address 192. 168. 254. 1 255. 255. 255. 255

2）配置 ROUTER ID，方法如下：

［YLRXGA_AR2240］router id 192. 168. 254. 1

3）配置 OSPF 的基础功能，方法如下：

［YLRXGA _AR2240］ospf

［YLRXGA _AR2240 – ospf – 1］area 0

［YLRXGA _AR2240 – ospf – 1 – area – 0. 0. 0. 0］network 192. 168. 250. 0 0. 0. 0. 255

［YLRXGA _AR2240 – ospf – 1 – area – 0. 0. 0. 0］quit

4）在 OSPF 中引入默认路由，方法如下：

［YLRXGA _AR2240］import – route static

5）配置接口互联地址，方法如下：

［YLRXGA _AR2240］interface gigabitethernet 0/0/2

［YLRXGA _AR2240 – GigabitEthernet0/0/2］ip address 192. 168. 250. 2 255. 255. 255. 252

［YLRXGA _AR2240 – GigabitEthernet0/0/2］quit

［YLRXGA _AR2240］interface gigabitethernet 0/0/3

［YLRXGA _AR2240 – GigabitEthernet0/0/2］ip address 192. 168. 250. 6 255. 255. 255. 252

［YLRXGA _AR2240 – GigabitEthernet0/0/2］quit

某集团公司网络项目

5.1 项 目 导 入

随着通信技术、计算机技术、网络技术的应用普及和加深,许多员工的办公不再仅仅局限于同一物理位置上的办公,即使在办事处、分支机构、出差和家中,均可像在公司总部办公一样协同工作。尤其是出现自然因素(如台风等)而导致员工需要远程协同办公,这就需要建立一个安全、快捷、经济、方便的信息交互平台,来传输远程办公员工与公司之间的信息交流。

某集团公司作为国内知名企业,信息的敏感性决定了它们历来都是各种居心叵测者的重要关注对象,甚至也是内部员工十分感兴趣的内容,这提醒我们应该更加注重网络安全的建设。

5.2 相 关 知 识 点

5.2.1 IPsec VPN

5.2.1.1 概述

由于 VPN(虚拟专网)比租用专线更加便宜、安全和灵活,所以有越来越多的公司采用 VPN,可连接在家工作或出差在外的员工,以及替代连接分公司和合作伙伴的标准广域网。VPN 建在互联网的公共网络架构上,一般通过加密协议,在发端加密数据,在收端解密数据,以保证数据的私密性。

IPsec 全称为 Internet Protocol Security,指采用 IPsec 协议来实现远程接入的一种 VPN 技术,是 IETF 制定的三层隧道加密协议,它为 Internet 上传输的数据提供了高质量的、可互操作的、基于密码学的安全保证,是一种传统的实现三层 VPN(Virtual Private Network,虚拟专用网)的安全技术,在特定的通信方式之间,通过 IP 层加密与数据源验证来保证数据包在 Internet 上传输时的私有性、完整性和真实性。IPsec VPN 是目前 VPN 技术中点击率非常高的一种技术,同时提供 VPN 和信息加密两项技术。

IPsec 通过两个安全协议来实现对 IP 数据包或上层协议的保护,而且此实现不会对用户主机或其他 Internet 组件造成影响。用户还可以实现不同的加密算法而不会影响其他部分的实现。

5.2.1.2 IPsec 协议类型

IPsec 是一个框架性架构,具体由两类协议组成:

第一类是 AH 协议(Authentication Header):使用较少,可以同时提供数据完整性确认、数据来源确认、防重放等安全特性;AH 常用摘要算法(单向 Hash 函数)MD5 和

SHA1 实现该特性。由于 AH 无法提供数据加密，所有数据在传输时以明文传输，而 ESP 提供数据加密；而且 AH 因为提供数据来源确认（源 IP 地址一旦改变，AH 校验失败），所以无法穿越 NAT，在实际中较少使用 AH 协议。

第二类是 ESP 协议（Encapsulated Security Payload）：使用较广，可以同时提供数据完整性确认、数据加密、防重放等安全特性；ESP 通常使用 DES、3DES、AES 等加密算法实现数据加密，使用 MD5 或 SHA1 来实现数据完整性。

5.2.1.3　IPsec 工作模式

IPsec 的工作模式主要有两种：

（1）隧道（Tunnel）模式：用户的整个 IP 数据包被用来计算 AH 或 ESP 头，AH 或 ESP 头以及 ESP 加密的用户数据被封装在一个新的 IP 数据包中。通常，隧道模式应用在两个安全网关之间的通信。

（2）传输（Transport）模式：只是传输层数据被用来计算 AH 或 ESP 头，AH 或 ESP 头以及 ESP 加密的用户数据被放置在原 IP 包头后面。通常，传输模式应用在两台主机之间的通信，或一台主机和一个安全网关之间的通信。

5.2.1.4　IPsec VPN 工作原理

IPsec 提供三种不同的形式来保护通过公有或私有 IP 网络传送的私有数据。

（1）认证：可以确定所接受的数据与所发送的数据是一致的，同时可以确定申请发送者在实际上是真实发送者，而不是伪装的。

（2）数据完整性：保证数据从原发地到目的地的传送过程中没有任何不可检测的数据丢失与改变。

（3）机密性：使相应的接收者能获取发送的真正内容，而无意获取数据的接收者无法获知数据的真正内容。在 IPsec 由三个基本要素来提供以上三种保护形式：认证协议头（AH）、安全加载封装（ESP）和互联网密匙管理协议（IKMP）。认证协议头和安全加载封装可以通过分开或组合使用来达到所希望的保护等级。

5.2.1.5　IPsec VPN 的应用场景

IPsec 作为一种 VPN 技术，其最显著的特点就是可以为载荷数据提供加密以及数据源验证服务，保护数据的机密性和完整性。同时通过 IKE 可以对密钥进行定时更新维护，增强系统的安全性。鉴于这些特点，IPsec 被广泛应用于传输敏感数据的 VPN 网络中。

Site - to - Site（站点到站点或者网关到网关）：如弯曲评论的三个机构分布在互联网的三个不同的地方，各使用一个商务领航网关相互建立 VPN 隧道，企业内网（若干 PC 机）之间的数据通过这些网关建立的 IPsec 隧道实现安全互联。

End - to - End（端到端或者 PC 机到 PC 机）：两个 PC 机之间的通信由两个 PC 机之间的 IPsec 会话保护，而不是网关。

End - to - Site（端到站点或者 PC 机到网关）：两个 PC 机之间的通信由网关和异地 PC 机之间的 IPsec 进行保护。

5.2.2　DHCP Snooping

5.2.2.1　DHCP Snooping 作用

架设 DHCP 服务器可以为客户端自动分配 IP 地址、掩码、默认网关、DNS 服务器等网络参数，简化了网络配置，提高了管理效率。但在 DHCP 服务的管理上存在一些问题，例如，DHCP Server 的冒充、DHCP Server 的耗竭攻击、某些用户随便指定 IP 地址，造成 IP 地址冲突等。DHCP 监听（DHCP Snooping）是一种 DHCP 安全特性。华为交换机支持在每个 VLAN 基础上启用 DHCP 监听特性。通过这种特性，交换机能够拦截第二层 VLAN 域内的所有 DHCP 报文。

DHCP 监听还有一个非常重要的作用就是建立一张 DHCP 监听绑定表（DHCP Snooping Binding）。一旦一个连接在非信任端口的客户端获得一个合法的 DHCP Offer，交换机就会自动在 DHCP 监听绑定表里添加一个绑定条目，内容包括了该非信任端口的客户端 IP 地址、MAC 地址、端口号、VLAN 编号、租期等信息。

5.2.2.2 DHCP 监听端口

启用了 DHCP 监听的交换机，将交换机端口划分为两类：

（1）非信任端口：通常为连接终端设备的端口，例如 PC 机、网络打印机等。

（2）信任端口：连接合法 DHCP 服务器的端口或者连接汇聚交换机的上行端口。

通过开启 DHCP 监听特性，交换机限制用户端口（非信任端口）只能够发送 DHCP 请求，丢弃来自用户端口的所有其他 DHCP 报文，如 DHCP Offer 报文等。而且，并非所有来自用户端口的 DHCP 请求都被允许通过，交换机还会比较 DHCP 请求报文的（报文头里的）源 MAC 地址和（报文内容里的）DHCP 客户机的硬件地址（即 CHADDR 字段），只有这两者相同的请求报文才会被转发，否则将被丢弃，这样就防止了 DHCP 耗竭攻击。

信任端口可以接收所有的 DHCP 报文。通过只将交换机连接到合法 DHCP 服务器的端口设置为信任端口，其他端口设置为非信任端口，就可以防止用户伪造 DHCP 服务器来攻击网络。DHCP 监听特性还可以对端口的 DHCP 报文进行限速，通过在每个非信任端口下进行限速，将可以阻止合法 DHCP 请求报文的广播攻击。

5.2.2.3 基本配置代码

```
［Huawei］dhcp snooping enable　♯启用 DHCP Snooping 功能
［Huawei－vlan3］dhcp snooping trusted interface GigabitEthernet 0/0/1　♯设置端口 G0/0/1 为信任端口
［Huawei］arp dhcp－snooping－detect enable　♯配置 ARP 与 DHCP Snooping 的联动功能
［Huawei］dhcp snooping user－offline remove mac－address　♯配置用户下线后及时清除对应 MAC 表项功能
［Huawei］dhcp snooping check dhcp－giaddr enable vlan 2　♯配置丢弃 GIADDR 字段非零的 DHCP 报文
［Huawei］dhcp server detect　♯启用 DHCP Server 探测功能
［Huawei］dhcp snooping check dhcp－rate enable　♯防止 DHCP 报文泛洪攻击
```

5.2.3 端口镜像

端口镜像功能通过在交换机或路由器上，将镜像端口的流量复制一份发送到观察端口供观察端口下连的流量分析设备（软件）对复制来的镜像端口的流量进行分析。在企业中用镜像功能，可以很好地对企业内部的网络数据进行监控管理，在网络出故障的时候，可以快速地定位故障。

5.2.3.1 镜像的分类

（1）端口镜像。端口镜像是基于端口的镜像，分为本地端口镜像、二层远程端口镜像、三层远程端口镜像，镜像的流量可以是入向或者出向。

（2）流镜像。流镜像是基于流的镜像，是根据用户配置的流策略匹配的流量进行镜像，只支持（镜像端口的）入方向，不支持出方向。流镜像分为本地流镜像、二层远程流镜像、三层远程流镜像。

（3）VLAN 镜像。VLAN 镜像是基于 VLAN 的镜像，是将制定的 VLAN 内的所有活动接口的入方向的流量复制到观察端口，不支持出方向。VLAN 镜像分为本地 VLAN 镜像、二层远程 VLAN 镜像。

（4）MAC 地址镜像。基于 MAC 地址的镜像，将匹配源或目的的 MAC 地址的入方向的流量复制到观察关口，不支持出方向。MAC 地址镜像支持本地 MAC 地址镜像、二层远程 MAC 地址镜像。

5.2.3.2　端口镜像的配置

（1）本地端口镜像配置，如图 5.1 所示。

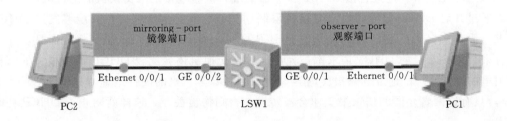

图 5.1　本地端口镜像配置

［Huawei］observe‐port 1 interface g0/0/1　＃配置一个序列号为 1 的观察端口 g0/0/1

［Huawei］interface g0/0/2　　　　　＃ 配置镜像端口

［Huawei‐GigabitEthernet0/0/2］port‐mirroring to observe‐port 1 both　＃配置一个镜像端口，将双向流量复制到序列号为 1 的观察端口

［Huawei］display observe‐port　＃查看端口配置状态

Index　：1

Interface：GigabitEthernet0/0/1

Used　　：2

［Huawei］display port‐mirroring　＃查看端口镜像情况

Port‐mirror：

Mirror‐port	Direction	Observe‐port
GigabitEthernet0/0/2	Both	GigabitEthernet0/0/1

（2）二层远程端口镜像配置，如图 5.2 所示。端口的二层远程镜像的原理是通过创建一个 VLAN，将镜像端口的流量复制到观察端口中，观察端口在该 VLAN 中进行广播，通过 VLAN 的广播将复制的流量发送到监控设备连接的端口上进行监控。值得注意的是

镜像关口和观察端口必须在一台设备上，镜像端口不能在该 VLAN 内（实际发现镜像端口也可以在该 VLAN 中），而观察端口因为要收集镜像端口的流量，所以必须在这个 VLAN 内。在图 5.2 拓扑中 LSW1 上的镜像端口将流量复制到观察端口中，由观察端口在 VLAN2 中通过广播将从镜像端口复制的流量发送至监控服务器 Server1 所连接的 GE/0/2 接口，供 Server1 进行流量的分析。

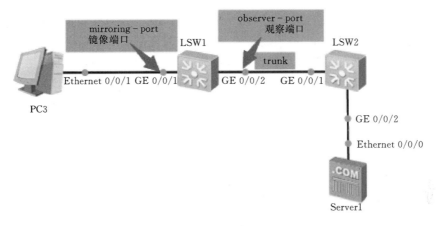

图 5.2　二层远程端口镜像配置

配置方法：创建一个用于广播镜像流量的 VLAN，分别在 LSW1 与 LSW2 上创建 VLAN 2，并将 Server1 连接的接口 GE0/0/2 划分到 VLAN 2 中用于接收复制的镜像流量，而 PC3 默认在 VLAN 1 中不属于 VLAN 2 不用做其他的配置，在 LSW 之间允许 VLAN 2 的流量通过，注意观察 VLAN 中必须关闭 MAC 地址学习功能，因为该功能与镜像功能相冲突。

［Huawei］vlan 2

［Huawei – vlan2］mac – address learning disable　♯ 必须在观察 vlan 中关闭 mac 地址学习功能

［Huawei – vlan2］quit

［Huawei］interface g0/0/2

［Huawei – GigabitEthernet0/0/2］port link – type trunk

［Huawei – GigabitEthernet0/0/2］port trunk allow – pass vlan all

［Huawei – GigabitEthernet0/0/2］q

［Huawei］observe – port 1 interface g0/0/2 vlan 2　♯指定观察端口，并在 vlan 2 中广播复制的流量

［Huawei］interface g0/0/1

［Huawei – GigabitEthernet0/0/1］port – mirroring to observe – port 1 both　♯指定镜像端口，将流量复制到序列号为 1 的观察端口

［Huawei – GigabitEthernet0/0/1］q

［Huawei］vlan 2

［Huawei – vlan2］quit

［Huawei］interface g0/0/1

［Huawei – GigabitEthernet0/0/1］port link – type trunk

［Huawei‐GigabitEthernet0/0/1］port trunk allow‐pass vlan all

［Huawei‐GigabitEthernet0/0/1］quit

［Huawei］interface g0/0/2 ♯将监控设备连接的端口加入 vlan 2 收取从镜像端口复制来的流量

［Huawei‐GigabitEthernet0/0/2］port link‐type access

［Huawei‐GigabitEthernet0/0/2］port default vlan 2

［Huawei‐GigabitEthernet0/0/2］quit

（3）三层远程端口镜像配置，如图 5.3 所示。端口的三层远程镜像的原理是，通过在 IP 层建立一条 GRE 的 Tunnel 隧道将镜像端口的流量复制到观察端口，观察端口在通过 GRE‐tunnel 隧道将流量发送到监控设备所在的端口上，进行流量的分析。在图 5.3 拓扑中 Huawei 的镜像端口将流量复制到观察端口，由观察端口通过 GRE‐tunnel 发送至 Server2 监控服务器连接的 Huawei 的 Ethernet0/0/2 接口，供 Server2 对镜像端口的流量进行分析。

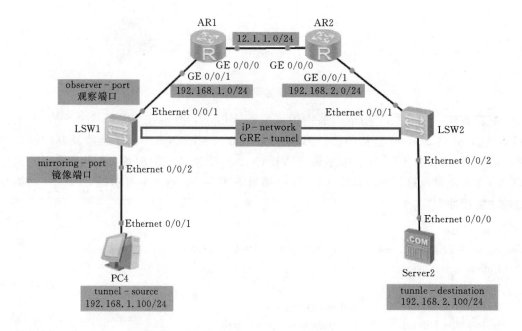

图 5.3　三层远程端口镜像配置

配置方法：首先在 AR1 和 AR2 上分别配置路由网段及静态路由，保证三层互通，然后在交换机 LSW1 上配置镜像端口及观察端口的 gre 隧道。

路由部分省略，在交换机 LSW1 上配置如下：

［Huawei］observe‐port 1 interface e0/0/1 destination‐ip 192.168.2.100 source‐ip 192.168.1.100 ♯创建观察端口及隧道

［Huawei］interface e0/0/2

［Huawei‐Ethernet0/0/1］port‐mirroring to observe‐port 1 both ♯指定镜像端口和序列号 1

［Huawei‐Ethernet0/0/1］quit

5.3 项 目 实 施

5.3.1 项目需求

（1）全网使用静态路由交互信息。

（2）两个分支之间通过 IPsec VPN 构建同一个内网。

（3）需要把服务器的流量镜像到审计设备上。

（4）内部中有人使用小路由器，需要杜绝小路由器的接入，以免影响正常的 DHCP 功能。

5.3.2 设备清单

本项目的网络设备主要用到接入层交换机、核心层交换机和路由器等，具体的型号数量见表 5.1。

表 5.1　　　　　　　　　　　　网 络 设 备 清 单

序号	设备型号	数量	功　能	备　注
1	AR3260	2	出口路由器	每个分支 1 台
2	S7703	2	核心交换机	每个分支 1 台
3	S5700-52P-LI-AC	20	接入交换机	每个分支 10 台

5.3.3 项目拓扑

本项目的网络拓扑结构，如图 5.4 所示。

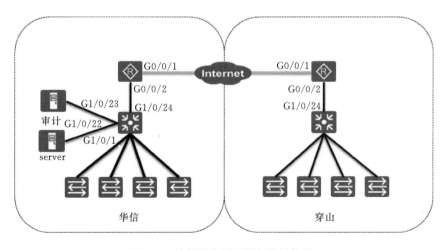

图 5.4　某集团公司网络拓扑结构图

5.3.4 配置思路

采用如下的思路配置：

（1）出口路由器配置 IPsec VPN 建立 VPN 隧道。

（2）两个分支内部地址不能相互冲突。

（3）在接入交换机上开启 Snooping 功能，防止私接路由器发送 DHCP 报文。

（4）核心交换机上开启端口镜像功能。

5.3.5 相关信息规划

5.3.5.1 核心交换机

核心交换机信息规划见表 5.2。

表 5.2 核心交换机信息规划表

序号	使用部门	VLAN 号	IP 地址	掩 码	备 注
1	华信	10	172.16.10.1	255.255.255.0	
2	穿山	20	172.16.20.1	255.255.255.0	
3	服务器	30	172.16.30.1	255.255.255.0	
4	华信管理 VLAN	255	172.16.255.1	255.255.255.0	
5	穿山管理 VLAN	254	172.16.254.1	255.255.255.0	
6	华信互联 1	1000	172.16.250.1	255.255.255.252	与路由器互联
7	穿山互联 2	1001	172.16.251.1	255.255.255.252	与路由器互联

5.3.5.2 出口路由器

出口路由器的信息规划见表 5.3。

表 5.3 出口路由器信息规划表

序号	接口	IP 地址	掩 码	备 注
1	G0/0/2	172.16.250.2	255.255.255.252	与核心交换机互联
2	G0/0/2	172.16.251.2	255.255.255.252	与路由器互联

5.3.5.3 ISP 出口规划

ISP 出口信息规划见表 5.4。

表 5.4 ISP 出口信息规划表

序号	接口	IP 地址	掩 码	网关	备 注
1	G0/0/1	1.1.25.36	255.255.255.192	1.1.25.1	静态 IP 地址，连接华信
2	G0/0/1	1.1.35.47	255.255.255.192	1.1..35.1	静态 IP 地址，连接穿山

5.3.6 操作步骤

5.3.6.1 华信出口设备相关配置

（1）外网出口配置 IP 地址，方法如下：

＜Huawei＞ system – view

［Huawei］sysname GLL_HX

［GLL_HX _AR3260］interface gigabitethernet 0/0/1

[GLL_HX _AR3260 – GigabitEthernet0/0/1] ip address 222. 125. 25. 36 255. 255. 255. 192

（2）配置上网 ACL，方法如下：

[GLL_HX _AR3260] acl 3001

[GLL_HX _AR3260 – acl – adv – 3001] rule 10 permit ip source 172. 16. 0. 0 0. 0. 255. 255

（3）NAT 地址转换，方法如下：

[GLL_HX _AR3260] interface gigabitethernet 0/0/1

[GLL_HX _AR3260 – GigabitEthernet0/0/1] nat outbound 3001

[GLL_HX _AR3260 – GigabitEthernet0/0/1] quite

（4）默认路由，方法如下：

[GLL_HX _AR3260] ip route – static 0. 0. 0. 0 0 222. 125. 25. 1

（5）配置 IPsec VPN。

1）定义要保护的数据流，方法如下：

[GLL_HX _AR3260] acl number 3002

[GLL_HX _AR3260 – acl – adv – 3002] rule permit ip source 172. 16. 10. 0 0. 0. 0. 255 destination 172. 16. 20. 0 0. 0. 0. 255

[GLL_HX _AR3260 – acl – adv – 3002] rule permit ip source 172. 16. 30. 0 0. 0. 0. 255 destination 172. 16. 20. 0 0. 0. 0. 255

[GLL_HX _AR3260 – acl – adv – 3002] rule permit ip source 172. 16. 255. 0 0. 0. 0. 255 destination 172. 16. 254. 0 0. 0. 0. 255

[GLL_HX _AR3260 – acl – adv – 3002] quit

2）配置 IPsec 安全提议，方法如下：

[GLL_HX _AR3260] ipsec proposal GLL

[GLL_HX _AR3260 – ipsec – proposal – GLL] esp authentication – algorithm sha2 – 256

[GLL_HX _AR3260 – ipsec – proposal – GLL] esp encryption – algorithm aes – 128

[GLL_HX _AR3260 – ipsec – proposal – GLL] quit

3）创建安全策略，方法如下：

[GLL_HX _AR3260] ipsec policy GLL 10 manual

[GLL_HX _AR3260 – ipsec – policy – manual – GLL – 10] security acl 3002

[GLL_HX _AR3260 – ipsec – policy – manual – GLL – 10] proposal tran1

[GLL_HX _AR3260 – ipsec – policy – manual – GLL – 10] tunnel remote 1. 1. 35. 47

[GLL_HX _AR3260 – ipsec – policy – manual – GLL – 10] tunnel local 1. 1. 25. 36

[GLL_HX _AR3260 – ipsec – policy – manual – GLL – 10] sa spi outbound esp 12345

[GLL_HX _AR3260 – ipsec – policy – manual – GLL – 10] sa spi inbound esp 54321

[GLL_HX _AR3260 – ipsec – policy – manual – GLL – 10] sa string – key outbound esp cipher huawei

[GLL_HX _AR3260 – ipsec – policy – manual – GLL – 10] sa string – key inbound esp cipher huawei

[GLL_HX _AR3260 – ipsec – policy – manual – GLL – 10] quit

4）接口上引用安全策略，方法如下：

[GLL_HX _AR3260] interface gigabitethernet 0/0/1

[GLL_HX _AR3260 – GigabitEthernet1/0/0] ipsec policy GLL

5）配置业务回程路由，方法如下：

ip route - static 172. 16. 10. 0 255. 255. 255. 0 172. 16. 250. 1

ip route - static 172. 16. 30. 0 255. 255. 255. 0 172. 16. 250. 1

ip route - static 172. 16. 20. 0 255. 255. 255. 0 1. 1. 35. 47

ip route - static 172. 16. 254. 0 255. 255. 255. 0 1. 1. 35. 47

6）配置内网互联地址，方法如下：

[GLL_HX _AR3260] interface gigabitethernet 0/0/2

[GLL_HX _AR3260 - GigabitEthernet0/0/1] ip address 172. 16. 250. 2 255. 255. 255. 252

5. 3. 6. 2 穿山出口设备相关配置

（1）外网出口配置 IP 地址，方法如下：

＜Huawei＞ system - view

[Huawei] sysname GLL_CS

[GLL_CS_AR3260] interface gigabitethernet 0/0/1

[GLL_CS _AR3260 - GigabitEthernet0/0/1] ip address 1. 1. 35. 47 255. 255. 255. 192

（2）配置上网 ACL，方法如下：

[GLL_CS_AR3260] acl 3001

[GLL_CS _AR3260 - acl - adv - 3001] rule 10 permit ip source 172. 16. 0. 0 0. 0. 255. 255

（3）NAT 地址转换，方法如下：

[GLL_CS _AR3260] interface gigabitethernet 0/0/1

[GLL_CS_AR3260 - GigabitEthernet0/0/1] nat outbound 3001

[GLL_CS_AR3260 - GigabitEthernet0/0/1] quite

（4）默认路由，方法如下：

[GLL_CS _AR3260] ip route - static 0. 0. 0. 0 0 1. 1. 35. 1

（5）配置 IPsec VPN。

1）定义要保护的数据流，方法如下：

[GLL_CS _AR3260] acl number 3002

[GLL_CS _AR3260 - acl - adv - 3002] rule permit ip source 172. 16. 20. 0 0. 0. 0. 255 destination 172. 16. 10. 0 0. 0. 0. 255

[GLL_CS _AR3260 - acl - adv - 3002] rule permit ip source 172. 16. 20. 0 0. 0. 0. 255 destination 172. 16. 30. 0 0. 0. 0. 255

[GLL_CS _AR3260 - acl - adv - 3002] rule permit ip source 172. 16. 254. 0 0. 0. 0. 255 destination 172. 16. 255. 0 0. 0. 0. 255

[GLL_CS _AR3260 - acl - adv - 3002] quit

2）配置 IPSec 安全提议，方法如下：

[GLL_CS _AR3260] ipsec proposal GLL

[GLL_CS _AR3260 - ipsec - proposal - GLL] esp authentication - algorithm sha2 - 256

[GLL_CS _AR3260 - ipsec - proposal - GLL] esp encryption - algorithm aes - 128

[GLL_CS _AR3260 - ipsec - proposal - GLL] quit

3）创建安全策略，方法如下：

［GLL_CS _AR3260］ipsec policy GLL 10 manual

［GLL_CS _AR3260 – ipsec – policy – manual – GLL – 10］security acl 3002

［GLL_CS _AR3260 – ipsec – policy – manual – GLL – 10］proposal tran1

［GLL_CS _AR3260 – ipsec – policy – manual – GLL – 10］tunnel remote 1. 1. 35. 47

［GLL_CS _AR3260 – ipsec – policy – manual – GLL – 10］tunnel local 1. 1. 25. 36

［GLL_CS _AR3260 – ipsec – policy – manual – GLL – 10］sa spi outbound esp 12345

［GLL_CS _AR3260 – ipsec – policy – manual – GLL – 10］sa spi inbound esp 54321

［GLL_CS _AR3260 – ipsec – policy – manual – GLL – 10］sa string – key outbound esp cipher huawei

［GLL_CS _AR3260 – ipsec – policy – manual – GLL – 10］sa string – key inbound esp cipher huawei

［GLL_CS _AR3260 – ipsec – policy – manual – GLL – 10］quit

4）接口上引用安全策略，方法如下：

［GLL_CS _AR3260］interface gigabitethernet 0/0/1

［GLL_CS _AR3260 – GigabitEthernet1/0/0］ipsec policy GLL

5）配置业务回程路由，方法如下：

ip route – static 172. 16. 20. 0 255. 255. 255. 0 172. 16. 251. 1

ip route – static 172. 16. 10. 0 255. 255. 255. 0 1. 1. 25. 1

ip route – static 172. 16. 30. 0 255. 255. 255. 0 1. 1. 25. 1

ip route – static 172. 16. 255. 0 255. 255. 255. 0 1. 1. 25. 1

6）配置内网互联地址，方法如下：

［GLL_HX _AR3260］interface gigabitethernet 0/0/2

［GLL_HX _AR3260 – GigabitEthernet0/0/1］ip address 172. 16. 251. 2 255. 255. 255. 252

5.3.6.3 华信核心交换机配置

（1）配置设备间的网络互连，方法如下：

＜HUAWEI＞ system – view

［HUAWEI］sysname GLL_SW_HX

［GLL_SW_HX］vlan batch 10 20 30 1000 1001

［GLL_SW_HX］interface gigabitethernet 1/0/24

［GLL_SW_HX – GigabitEthernet1/0/24］port link – type access

［GLL_SW_HX – GigabitEthernet1/0/24］port default vlan 1000

（2）配置 VLAN IP 地址，方法如下：

［GLL_SW_HX］interface vlanif 1000

［GLL_SW_HX – Vlanif1000］ip address 172. 16. 250. 1

［GLL_SW_HX – Vlanif1000］quit

［GLL_SW_HX］interface vlanif 10

［GLL_SW_HX – Vlanif1000］ip address 172. 16. 10. 1

［GLL_SW_HX – Vlanif1000］quit

［GLL_SW_HX］interface vlanif 30

［GLL_SW_HX－Vlanif1000］ip address 172.16.30.1

［GLL_SW_HX－Vlanif1000］quit

（3）配置接口加入 VLAN（列举），方法如下：

［GLL_SW_HX］interface gigabitethernet 1/0/1

［GLL_SW_HX－GigabitEthernet1/0/1］port link－type access

［GLL_SW_HX－GigabitEthernet1/0/1］port port default vlan 10

（4）配置观察端口，方法如下：

［GLL_SW_HX］observe－port interface gigabitethernet 1/0/23

（5）配置镜像端口，方法如下：

［GLL_SW_HX］interface gigabitethernet 1/0/22

［GLL_SW_HX－GigabitEthernet1/0/22］mirror to observe－port inbound

［GLL_SW_HX－GigabitEthernet1/0/22］return

（6）配置默认路由，方法如下：

［GLL_SW_HX］ip route－static 0.0.0.0 0.0.0.0 192.168.250.2

5.3.6.4　华信接入交换机（列举）

（1）配置 DHCP Snooping，方法如下：

＜HUAWEI＞system－view

［HUAWEI］sysname YLRXGA _SW_S5700

［GLL_SW_HX _S5700］dhcp enable

［GLL_SW_HX］dhcp snooping enable

［GLL_SW_HX］interface gigabitethernet 0/0/24

［GLL_SW_HX－GigabitEthernet0/0/24］dhcp snooping enable

［GLL_SW_HX－GigabitEthernet0/0/24］dhcp snooping trusted

（2）配置 VLAN，方法如下：

［GLL_SW_HX］vlan batch 10 20 30 1000 1001

［GLL_SW_HX］interface gigabitethernet 1/0/1

［GLL_SW_HX－GigabitEthernet1/0/1］port link－type access

［GLL_SW_HX－GigabitEthernet1/0/1］port default vlan 10

［GLL_SW_HX］interface vlanif 255

［GLL_SW_HX－Vlanif1000］ip address 172.16.255.2

［GLL_SW_HX－Vlanif1000］quit

某县人民医院网络项目

6.1 项 目 导 入

大多数医院信息化建设发展经历了从早期的单机单用户应用阶段,到部门级和全院级管理信息系统应用;从以财务、药品和管理为中心,开始向以病人信息为中心的临床业务支持和电子病历应用;从局限在医院内部应用,发展到区域医疗信息化应用。

近几年,随着以"以病人为中心,以提高医疗服务质量为主题"的医院管理年活动,各地医院纷纷加强信息化建设步伐。根据权威机构对医院信息化现状调查显示,以费用和管理为中心的全院网络化系统应用已经超过了 80%。住院医生工作站系统、电子病历、全院 PACS、无线查房、腕带技术、RFID、万兆网络、服务器集群、数据虚拟容灾等先进的系统和网络技术已经开始应用。

医院通过信息化系统建设,优化就诊流程,减少患者排队挂号等候时间,实行挂号、检验、交费、取药等一站式、无胶片、无纸化服务,简化看病流程,杜绝"三长一短"现象,有效解决了群众"看病难"的问题。本项目讲述了医院新建大楼的内网部署,使之达到如今医疗系统对网络的普遍要求,网络整体高速稳定的运行,易于管理且安全可靠,实现了海量数据的高速传输以及可扩展性等。

6.2 相 关 知 识 点

6.2.1 QoS

6.2.1.1 QoS 概述

一般来说,基于存储转发机制的 Internet(IPv4 标准)只为用户提供了"尽力而为(Best - Effort)"的服务,不能保证数据包传输的实时性、完整性以及到达的顺序性,不能保证服务的质量,所以主要应用在文件传送和电子邮件服务。随着 Internet 的飞速发展,人们对于在 Internet 上传输分布式多媒体应用的需求越来越大,一般说来,用户对不同的分布式多媒体应用有着不同的服务质量要求,这就要求网络应能根据用户的要求分配和调度资源。因此,传统的所采用的"尽力而为"转发机制,已经不能满足用户的要求。

QoS(Quality of Service,服务质量)指一个网络能够利用各种基础技术,为指定的网络通信提供更好的服务能力。QoS 是网络的一种安全机制,是用来解决网络延迟和阻塞等问题的一种技术。在网络中可以通过保证传输的带宽、降低传送的时延、降低数据的丢包率以及时延抖动等措施来提高服务质量。当网络发生拥塞的时候,所有的数据流都有可能被丢弃;为满足用户对不同应用不同服务质量的要求,就需要网络能根据用户的要求分配和调度资源，对不同的数据流提供不同的服务质量：对实时性强且重要的数据报文优先处理；对于实时性不强的普通数据报文，提供较低的处理优先级，网络拥塞时甚至丢弃。

6.2.1.2　QoS服务模型

通常QoS提供三种服务模型：Best-Effort Service（尽力而为服务模型）、Integrated Service（综合服务模型，简称Int-Service）、Differentiated Service（区分服务模型，简称Diff-Serv）。

（1）Best-Effort Service。Best-Effort Service是一个单一的服务模型，也是最简单的服务模型。对Best-Effort服务模型，网络尽最大的可能性来发送报文。但对时延、可靠性等性能不提供任何保证。Best-Effort服务模型是网络的缺省服务模型，通过FIFO队列来实现。它适用于绝大多数网络应用，如FTP、E-mail等。

（2）Integrated Service。Int-Serv是一个综合服务模型，它可以满足多种QoS需求。该模型使用资源预留协议（RSVP），RSVP运行在从源端到目的端的每个设备上，可以监视每个流，以防止其消耗资源过多。这种体系能够明确区分并保证每一个业务流的服务质量，为网络提供最细粒度化的服务质量区分。例如用VOIP，需要12k的带宽和100ms以内的延迟，集成服务模型就会将其归到事先设定的一种服务等级中。但是，Inter-Serv模型对设备的要求很高，当网络中的数据流数量很大时，设备的存储和处理能力会遇到很大的压力。Inter-Serv模型可扩展性很差，难以在Internet核心网络实施。这种为单一数据流进行带宽预留的解决思路在Internet上想要实现很难，所以该模型在1994年推出以后就没有使用过。

（3）Differentiated Service。Diff-Serv是一个多服务模型，由一系列技术组成，它可以满足不同的QoS需求。与Int-Serv不同，它不需要通知网络为每个业务预留资源。

区分服务实现简单，扩展性较好，可以用不同的方法来指定报文的QoS，如IP包的优先级/Precedence、报文的源地址和目的地址等。网络通过这些信息来进行报文的分类、流量整形、流量监管和排队。

6.2.1.3　QoS技术综述

（1）流分类：采用一定的规则识别符合某类特征的报文，它是对网络业务进行区分服务的前提和基础。

（2）流量监管：对进入或流出设备的特定流量进行监管。当流量超出设定值时，可以采取限制或惩罚措施，以保护网络资源不受损害，可以作用在接口入方向和接口出方向。

（3）流量整形：一种主动调整流的输出速率的流量控制措施，用来使流量适配下游设备可供给的网络资源，避免不必要的报文丢弃和延迟，通常作用在接口出方向。

（4）拥塞管理：当拥塞发生时如何制定一个资源的调度策略，以决定报文转发的处理次序，通常作用在接口出方向。

（5）拥塞避免：监督网络资源的使用情况，当发现拥塞有加剧的趋势时采取主动丢弃报文的策略，通过调整队列长度来解除网络的过载，通常作用在接口出方向。

在这些QoS技术中，流量分类和标记是基础，是有区别地实施服务的前提；而其他QoS技术则从不同方面对网络流量及其分配的资源实施控制，有区别地提供服务。

QoS技术在网络设备中的处理顺序：通过流分类对各种业务进行识别和区分，它是后续各种动作的基础；通过各种动作对特性的业务进行处理。这些动作需要和流分类关联起来才有意义。具体采取何种动作，与所处的阶段以及网络当前的负载状况有关。例如，当报文进入网络时进行流量监管；流出节点之前进行流量整形；拥塞时对队列进行拥塞管理；拥塞加剧时采取拥塞避免措施等。

6.2.1.4 流量分类和 QoS 标记

流量分类是将数据报文划分为多个优先级或多个服务类。网络管理者可以设置流量分类的策略，这个策略除可以包括 IP 报文的 IP 优先级或 DSCP 值、802.1p 的 CoS 值等带内信令，还可以包括输入接口、源 IP 地址、目的 IP 地址、MAC 地址、IP 协议或应用程序的端口号等。分类的结果是没有范围限制的，它可以是一个由五元组（源 IP 地址、源端口号、协议号、目的 IP 地址、目的端口号）确定的流这样狭小的范围，也可以是到某某网段的所有报文。

标记在网络边界处进行，目的在于将区分数据，表明其之间的不同，这样在网络内部队列技术就可以依据这个标记将数据划分到相应的队列，进行不同的处理。在 IP 报文中有专门的字段进行 QoS 的标记，在 IPV4 中为 TOS，IPv6 中为 TrafficClass。TOS 字段用前 6bit 来标记 DSCP，如果只用前 3bits 就为 IP 优先级。DSCP 和 IP 优先级都是标记的标准，IP 优先级提供 0～7 共 8 种服务质量，6 和 7 都保留，所以常用的是 0～5，每个数字都对应一个名称，比如 0 对应 Routine，这样在更改数据包优先级等配置时，既可以用数字也可以用名称。IP 优先级和 DSCP 不能同时设置，如果同时设置的话只有 DSCP 生效，那么标记了 DSCP 的数据包到了只会识别 IP 优先级的路由器，就只会看前 3bits，而且不管是 IP 优先级还是 DSCP 都是用自己的前 3bits 和二层的 CoS 值形成映射。在二层用 CoS 字段进行标记，正常的以太网帧是没有标记的，但是在 ISL 的报头和 802.1Q 的 Tag 中都有 3bits 用来定义服务级别，0～7 中只有 0～5 可用，6 和 7 都保留。

6.2.1.5 几种常用的队列调度机制

1. FIFO（先进先出队列，First In First Out Queuing）

传统的 Best-Effort 服务策略，默认应用在带宽大于 2.048M 的接口上，只适用于对带宽和延迟不敏感的流量，如 WWW、FTP、E-mail 等。FIFO 不对报文进行分类，当报文进入接口的速率大于接口能发送速率时，FIFO 按报文到达接口的先后顺序让报文进入队列，同时在队列的出口让报文按进队的顺序出队。每个队列内部报文的发送（次序）关系缺省是 FIFO 先进先出队列。

2. PQ（优先队列，Priority Queuing）

PQ 队列是针对关键业务应用设计的。关键业务有一个重要的特点，即在拥塞发生时要求优先获得服务以减小响应的延迟。PQ 可以根据网络协议（如 IP、IPX）、数据流入接口、报文长短、源地址/目的地址等灵活地指定优先次序。

四类报文分别对应四个队列：高优先队列、中优先队列、正常优先队列和低优先队列。高优先级队列的报文都发送完了才能发送下一个优先级的报文。这样的机制虽然能保证关键数据总是得到优先处理，但是低优先级的队列很可能因此十分拥塞。缺省情况下，数据流进入正常优先队列。

3. CQ（自定义队列，Custom Queuing）

CQ 按照一定的规则将分组分成 16 类（对应于 16 个队列），分组根据自己的类别按照先进先出的策略进入相应的 CQ 队列。CQ 的 1～16 号队列是用户队列。用户可以配置流分类的规则，指定 16 个用户队列占用接口或 PVC 带宽的比例关系。在队列调度时，系统队列中的分组被优先发送。直到系统队列为空，再采用轮询的方式按照预先配置的带宽比例依次从 1～16 号用户队列中取出一定数量的分组发送出去。这样，就可以使不同业务的分组获得不同的带宽，既可以保证关键业务能获得较多的带宽，又不至于使非关键业务得不到带宽。缺省情况下，数据流进入 1 号队列。定制队列的另一个优点是：可根据业务的繁忙程度分配带宽，适用于对带宽有特殊需求的应用。虽然 16 个用户队列的调度是轮询进行的，但每个队列不是固定地分配服务时间片——如果某个队列为空，那么马上换到下一个队列调度。因此，当没有某些类别的报文时，CQ 调度机制能自动增加现存类别的报文可占的带宽。

4. WFQ（加权公平队列，Weighted Fair Queuing）

WFQ 是为了公平地分享网络资源，尽可能使所有流的延迟和抖动达到最优后推出的。它照顾了各方面的利益，主要表现在：不同的队列获得公平的调度机会，从总体上均衡各个流的延迟。短报文和长报文获得公平的调度：如果不同队列间同时存在多个长报文和短报文等待发送，应当顾及短报文的利益，让短报文优先获得调度，从而在总体上减少各个流的报文间的抖动。

WFQ 按数据流的会话信息自动进行流分类（相同源 IP 地址、目的 IP 地址、原端口号、目的端口号、协议号、IP 优先级的报文同属一个流），并且尽可能多地划分出 N 个队列，以将每个流均匀地放入不同队列中，从而在总体上均衡各个流的延迟。

在出队的时候，WFQ 按流的优先级（Precedence 或 DSCP）来分配每个流应占有出口的带宽。优先级的数值越小，所得的带宽越少。优先级的数值越大，所得的带宽越多。最后，轮询各个队列，按照带宽比例从队列中取出相应数量的报文进行发送。WFQ 是传输速率在 2.048M 以下的接口默认的队列机制。

举例来说，接口中当前共有 5 个流，它们的优先级分别为 0、1、2、3、4，则带宽总配额为所有（流的优先级＋1）的和，即 15。每个流可得的带宽分别为 1/15、2/15、3/15、4/15、5/15。

WFQ 的限制：WFQ 不支持隧道或者采用了加密技术的接口，因为这些技术要修改数据包中 WFQ 用于分类的信息。WFQ 提供的带宽控制的精度不如 CBQ，因为是基于流的分类，基于队列的带宽分配，每个队列可能会有多个流，这样无法再针对具体的数据类型指定带宽。

5. CBQ（基于类的公平队列，Class-Based Weighted Fair Queuing）

CBQ 是对 WFQ 功能的扩展，为用户提供了定义类的支持。CBQ 为每个用户定义的类分配一个单独的 FIFO 预留队列，用来缓冲同一类的数据。在网络拥塞时，CBQ 对报文根据用户定义的类规则进行匹配，并使其进入相应的队列，在入队列之前必须进行拥塞避免机制和带宽限制的检查。在报文出队列时，加权公平调度每个类对应的队列中的报文。

CBQ 提供一个紧急队列，紧急报文入该队列，该队列采用 FIFO 调度，没有带宽限制。这样，如果 CBQ 加权公平对待所有类的队列，语音报文这类对延迟敏感的数据流就可能得不到及时发送。为此将 PQ 特性引入 CBQ，称其为 LLQ（Low Latency Queuing，低延迟队列），为语音报文这样的对延迟敏感的数据流提供严格优先发送服务。

LLQ 将严格优先队列机制与 CBQ 结合起来使用，用户在定义类时可以指定其享受严格优先服务，这样的类称作优先类。所有优先类的报文将进入同一个优先队列，在入队列之前需对各类报文进行带宽限制的检查。报文出队列时，将首先发送优先队列中的报文，直到发送完后才发送其他类对应的队列的报文。在发送其他队列报文时将仍然按照加权公平的方式调度。

为了不让其他队列中的报文延迟时间过长，在使用 LLQ 时将会为每个优先类指定可用最大带宽，该带宽值用于拥塞发生时监管流量。如果拥塞未发生，优先类允许使用超过分配的带宽。如果拥塞发生，优先类超过分配带宽的数据包将被丢弃。LLQ 还可以指定 Burst – size。

CBQ 对 WFQ 做的一些改进：在 WFQ 中 weight 用来指明队列优先级，而在 CBW-FQ 中 weight 用来指明某类流量的优先级。数据包根据 weight 排在相应类的队列中。CBQ 一个队列一种数据，所以可以为某类流量指定相应的带宽，而 WFQ 无法实现，因为基于流种类很多，最后可能每个队列里都有好几种流量。CBQ 分类数据时除了根据 IP 地址和端口号，还可以通过 ACL 或数据输入接口，WFQ 无法实现。PQ 和 CQ 都需要手动配置，在命令中可以看出，并不能依据 IP 优先级或 DSCP 来划分队列，而且配置起来比较麻烦，命令烦琐。在 WFQ 中只有一条命令，执行基本是自动化的，但这样不好控制流量，而且要事先进行 QoS 标记。在 CBQ 中 QoS 的事先标记不是必须的，因为引入了 MQC 的概念，通过结构化的命令行匹配特定的数据流（如果匹配的是 IP 优先级或 DSCP，则需要事先的 QoS 标记）再制定细化的处理策略，不过归队列还是算法自动完成，CBQ 是目前推荐使用的模式。

6.2.2 MSTP＋VRRP

MSTP 是多生成树协议，与生成树和快速生成树相比，MSTP 引入了"实例（IN-STANCE）"的概念。生成树和快速生成树都是基于交换机端口的技术，在进行生成树计算的时候，所有 VLAN 都共享相同的生成树，而 MSTP 则需要基于实例。所谓"实例"是指多个 VLAN 对应的一个集合，MSTP 把一台设备的一个或多个 VLAN 划分为一个实例，有着相同实例配置的设备就组成了一个 MST 域，运行独立的生成树；这个 MST 就组成了一个大的设备整体，与其他 MST 域在进行生成树算法，得出一个整体的生成树。所有 VLAN 默认映射到实例 0，其他实例则称为多生成树实例。

在局域网内，主机发往其他网段的报文都由网关进行转发。当网关发生故障时，本网段内所有发往网关的数据将中断。为了避免网络中断，可以通过在主机上设置多个网关，但是一个主机只允许设置一个默认网关，因此需要管理员手工添加和修改，这样大大增加了网络管理的复杂度。因此我们通常使用 VRRP（虚拟路由器冗余）协议，保证用户快速、不间断、透明地切换到另一个网关。

VRRP 协议首先采用竞选的方法选择主路由器（Master），主路由器负责提供实际的数据转发服务，主路由器选出后，其他设备作为备份路由器（Backup），并通过主路由设备定时发出的 VRRP 报文监测主路由设备的状态。如果组内的备份路由设备在规定的时间内没有收到来自主路由设备的报文，则将自己状态转为 Master，由于切换非常迅速而且用户终端不需要改变默认网关的 IP 地址和 MAC 地址，所以对用户而言是透明的。

主路由负责转发数据，备份路由不负责转发数据，因此在主路由转发数据的同时，备份路由却一直处于空闲状态，这样势必造成了网络带宽资源的浪费。我们通过在 VRRP 中使用负载均衡技术，创建不同的 VRRP 组，使得路由器在不同的 VRRP 组中担任不同的角色。

VRRP 与 MSTP 配合使用的组网方式，不仅可以为网关设备提供冗余备份，还可以为下行的二层链路提供冗余备份，并使用 MSTP 技术阻塞网络中的冗余链路以消除二层环路，极大地提高了网络的可靠性。

6.3 项 目 实 施

6.3.1 项目需求

（1）全网使用静态路由交互信息。

（2）核心采用 VRRP 技术进行网关设备的备份，提高网关的可靠性。当一台网关设备出现故障时，局域网内的主机仍然可以通过另一台网关设备访问外部网络。

（3）在网关设备工作正常时，区域 A 用户通过网关设备 Switch A 进行数据转发；区域 B 用户通过网关设备 Switch B 进行数据转发，实现流量的负载分担。

（4）当网关设备的上行链路出现故障时，降低该网关设备的优先级，以避免该网关设备成为 Master，导致流量转发中断。

（5）局域网内进行二层链路的冗余备份，保证网关设备下行链路故障时，流量转发不会中断。使用 MSTP 技术避免二层网络中出现环路。

（6）网关设备通过出口设备与 Internet 连接，出口路由器上进行 QoS 的流量限制。

6.3.2 设备清单

本项目主要用到的设备包括核心交换机、接入层交换机和路由器等，具体型号数量见表 6.1。

表6.1 网 络 设 备 清 单

序号	设备型号	数量	功　能	备　注
1	AR3260	1	出口路由器	
2	S7706	2	核心交换机	
3	S5700-52P-LI-AC	30	接入交换机	

6.3.3 项目拓扑

本项目的网络拓扑结构，如图 6.1 所示。

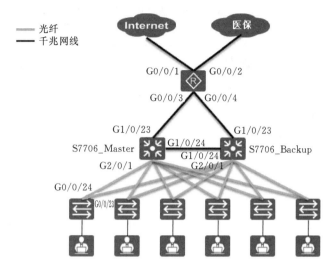

图 6.1　某县医院网络拓扑结构图

6.3.4　配置思路

采用如下的思路配置：

（1）两台核心交换组建 VRRP。

（2）采用 MSTP 进行破坏处理。

（3）出口路由器上进行 QoS 的流量限制。

（4）配置 NQA 与静态路由联动，实现路由快速切换。

6.3.5　相关信息规划

6.3.5.1　核心交换机

核心交换机的信息规划见表 6.2。

表 6.2　　　　　　　　　　核心交换机信息规划表

序号	使用部门	VLAN 号	IP 地址	掩　码	备　注
1	门诊收费	10	172.16.10.254	255.255.255.0	
2	门诊急诊科	20	172.16.20.254	255.255.255.0	
3	药房	30	172.16.30.254	255.255.255.0	
4	管理	255	172.16.255.1	255.255.255.0	
5	互联 1	1000	172.16.250.1	255.255.255.252	与路由器互联
6	互联 2	1001	172.16.251.1	255.255.255.252	与路由器互联
7	互联 2	1002	172.16.254.1	255.255.255.252	核心交换机互联

6.3.5.2　出口路由器

出口路由器的信息规划见表 6.3。

表 6.3　　　　　　　　　　　　　　　出口路由器信息规划表

序号	接口	IP 地址	掩码	备注
1	G0/0/3	172.16.250.2	255.255.255.252	连接 Master
2	G0/0/4	172.16.251.2	255.255.255.252	连接 Backup

6.3.5.3　ISP 出口规划

ISP 出口的信息规划见表 6.4。

表 6.4　　　　　　　　　　　　　　　ISP 出口信息规划表

序号	接口	IP 地址	掩码	网关	备注
1	G0/0/1	1.1.25.67	255.255.255.192	1.1.25.1	静态 IP 地址，连接 Internet
2	G0/0/2	1.1.125.2	255.255.255.0	1.1.125.1	连接医保，对端医保业务地址为 1.1.125.0/24

6.3.6　操作步骤

6.3.6.1　出口设备相关配置

（1）外网出口配置 IP 地址，方法如下：

```
<Huawei> system – view
[Huawei] sysname WZCWXRMYY
[WZCWXRMYY_AR3260] interface gigabitethernet 0/0/1
[WZCWXRMYY_AR3260 – GigabitEthernet0/0/1] ip address 1.1.25.67 255.255.255.192
[WZCWXRMYY_AR3260] interface gigabitethernet 0/0/2
[WZCWXRMYY_AR3260 – GigabitEthernet0/0/2] ip address 1.1.125.2 255.255.255.0
```

（2）配置上网 ACL，方法如下：

```
[WZCWXRMYY _AR3260] acl 3001
[WZCWXRMYY _AR3260 – acl – adv – 3001] rule 10 permit ip source 172.16.0.0 0.0.255.255
```

（3）NAT 地址转换，方法如下：

```
[WZCWXRMYY _AR3260] interface gigabitethernet 0/0/1
[WZCWXRMYY _AR3260 – GigabitEthernet0/0/1] nat outbound 3001
[WZCWXRMYY _AR3260 – GigabitEthernet0/0/1] quite

[WZCWXRMYY _AR3260] interface gigabitethernet 0/0/2
[WZCWXRMYY _AR3260 – GigabitEthernet0/0/2] nat outbound 3001
[WZCWXRMYY _AR3260 – GigabitEthernet0/0/2] quite
```

（4）配置内网互联地址，方法如下：

```
[WZCWXRMYY _AR3260] interface gigabitethernet 0/0/3
[WZCWXRMYY _AR3260 – GigabitEthernet0/0/3] ip address 172.16.250.1 255.255.255.252
[WZCWXRMYY _AR3260] interface gigabitethernet 0/0/4
[WZCWXRMYY _AR3260 – GigabitEthernet0/0/4] ip address 172.16.251.1 255.255.255.252
```

（5）配置 NQA，方法如下：

［WZCWXRMYY _AR3260］nqa test－instance aa bb

［WZCWXRMYY _AR3260－nqa－aa－bb］test－type icmp

［WZCWXRMYY _AR3260－nqa－aa－bb］destination－address ipv4 172. 16. 250. 1

［WZCWXRMYY _AR3260－nqa－aa－bb］frequency 5

［WZCWXRMYY _AR3260－nqa－aa－bb］probe－count 1

［WZCWXRMYY _AR3260－nqa－aa－bb］start now

［WZCWXRMYY _AR3260－nqa－aa－bb］quit

（6）默认路由，方法如下：

［WZCWXRMYY _AR3260］ip route－static 0. 0. 0. 0 0. 0. 0. 0 1. 1. 25. 1

［WZCWXRMYY _AR3260］ip route－static 59. 0. 0. 0 255. 255. 255. 0 1. 1. 125. 1

［WZCWXRMYY _AR3260］ip route－static 172. 16. 0. 0 255. 255. 0. 0 172. 16. 250. 1 track nqa aa bb

［WZCWXRMYY _AR3260］ip route－static 172. 16. 0. 0 255. 255. 0. 0 172. 16. 251. 1 preference 100

（7）限制下载速度，方法如下：

［WZCWXRMYY _AR3260］interface gigabitethernet 0/0/3

［WZCWXRMYY _AR3260－GigabitEthernet0/0/3］qos car inbound source－ip－address range 172. 16. 10. 2. to 172. 16. 10. 252 per－address cir 4096 cbs 6016 pbs 10016 green pass yellow pass red discard

［WZCWXRMYY _AR3260－GigabitEthernet0/0/3］qos car inbound source－ip－address range 172. 16. 20. 2. to 172. 16. 20. 252 per－address cir 4096 cbs 6016 pbs 10016 green pass yellow pass red discard

［WZCWXRMYY _AR3260－GigabitEthernet0/0/3］qos car inbound source－ip－address range 172. 16. 30. 2. to 172. 16. 30. 252 per－address cir 4096 cbs 6016 pbs 10016 green pass yellow pass red discard

6.3.6.2 核心交换机（Master）配置

（1）配置设备间的网络互联，方法如下：

＜HUAWEI＞ system－view

［HUAWEI］sysname WZCWXRMYY_Master

［WZCWXRMYY_Master］vlan batch 10 20 30 255 1000 1001

［WZCWXRMYY_Master］interface gigabitethernet 1/0/23

［WZCWXRMYY_Master－GigabitEthernet1/0/23］port link－type access

［WZCWXRMYY_Master－GigabitEthernet1/0/23］port default vlan 1000

（2）配置地址池，方法如下：

［WZCWXRMYY_Master］ip pool vlan 10

［WZCWXRMYY_Master－ip－pool－vlan10］gateway－list 172. 16. 10. 254

［WZCWXRMYY_Master－ip－pool－vlan10］network 172. 16. 10. 0 mask 255. 255. 255. 0

［WZCWXRMYY_Master－ip－pool－vlan10］excluded－ip－address 172. 16. 10. 252 172. 16. 10. 253　＃排除地址

［WZCWXRMYY_Master］ip pool vlan 20

［WZCWXRMYY_Master－ip－pool－vlan20］gateway－list 172. 16. 20. 254

［WZCWXRMYY_Master－ip－pool－vlan20］network 172. 16. 20. 0 mask 255. 255. 255. 0

［WZCWXRMYY_Master－ip－pool－vlan20］excluded－ip－address 172. 16. 20. 252 172. 16. 20. 253

\#

[WZCWXRMYY_Master]ip pool vlan 30

[WZCWXRMYY_Master – ip – pool – vlan30]gateway – list 172. 16. 30. 254

[WZCWXRMYY_Master – ip – pool – vlan30]network 172. 16. 30. 0 mask 255. 255. 255. 0

[WZCWXRMYY_Master – ip – pool – vlan30]excluded – ip – address 172. 16. 30. 252 172. 16. 30. 253

\#

（3）配置互联 IP，方法如下：

[WZCWXRMYY_Master] interface vlanif 1000

[WZCWXRMYY_Master – Vlanif1000] ip address 172. 16. 250. 1 255. 255. 255. 252

[WZCWXRMYY_Master – Vlanif1000] quit

[WZCWXRMYY_Master] interface vlanif 254

[WZCWXRMYY_Master – Vlanif1000] ip address 172. 16. 254. 1 255. 255. 255. 0

[WZCWXRMYY_Master – Vlanif1000] quit

（4）配置 VRRP，方法如下：

[WZCWXRMYY_Master] interface vlanif 10

[WZCWXRMYY_Master – Vlanif10] ip address 172. 16. 10. 253

[WZCWXRMYY_Master – Vlanif10] vrrp vrid 10 virtual – ip 172. 16. 10. 254

[WZCWXRMYY_Master – Vlanif10] vrrp vrid 10 priority 200

[WZCWXRMYY_Master – Vlanif10] dhcp select global

[WZCWXRMYY_Master – Vlanif10] quit

[WZCWXRMYY_Master] interface vlanif 20

[WZCWXRMYY_Master – Vlanif20] ip address 172. 16. 20. 253

[WZCWXRMYY_Master – Vlanif20] vrrp vrid 20 virtual – ip 172. 16. 20. 254

[WZCWXRMYY_Master – Vlanif20] vrrp vrid 20 priority 200

[WZCWXRMYY_Master – Vlanif20] dhcp select global

[WZCWXRMYY_Master – Vlanif20] quit

[WZCWXRMYY_Master] interface vlanif 30

[WZCWXRMYY_Master – Vlanif30] ip address 172. 16. 30. 253

[WZCWXRMYY_Master – Vlanif30] vrrp vrid 30 virtual – ip 172. 16. 30. 254

[WZCWXRMYY_Master – Vlanif30] vrrp vrid 30 priority 200

[WZCWXRMYY_Master – Vlanif30] dhcp select global

[WZCWXRMYY_Master – Vlanif30] quit

[WZCWXRMYY_Master] interface vlanif 255

[WZCWXRMYY_Master – Vlanif255] ip address 172. 16. 255. 253

[WZCWXRMYY_Master – Vlanif255] vrrp vrid 255 virtual – ip 172. 16. 30. 254

[WZCWXRMYY_Master – Vlanif255] vrrp vrid 255 priority 200

[WZCWXRMYY_Master – Vlanif255] quit

（5）配置 NQA，方法如下：

[WZCWXRMYY_Master] nqa test – instance aa bb

[WZCWXRMYY_Master – nqa – aa – bb] test – type icmp

[WZCWXRMYY_Master – nqa – aa – bb] destination – address ipv4 172. 16. 250. 2

[WZCWXRMYY_Master – nqa – aa – bb] frequency 5

[WZCWXRMYY_Master – nqa – aa – bb] probe – count 1

[WZCWXRMYY_Master – nqa – aa – bb] start now

[WZCWXRMYY_Master – nqa – aa – bb] quit

（6）配置默认路由，方法如下：

[WZCWXRMYY_Master]ip route – static 0. 0. 0. 0 0. 0. 0. 0 192. 168. 250. 2 rack nqa aa bb

[WZCWXRMYY_Master]ip route – static 0. 0. 0. 0 0. 0. 0. 0 192. 168. 254. 2 preference 100

（7）配置 trunk，方法如下：

[WZCWXRMYY_Master] interface gigabitethernet 2/0/1

[WZCWXRMYY_Master – GigabitEthernet2/0/1] port link – type trunk

[WZCWXRMYY_Master – GigabitEthernet2/0/1] port trunk allow – pass all

[WZCWXRMYY_Master] interface gigabitethernet 1/0/24

[WZCWXRMYY_Master – GigabitEthernet1/0/24] port link – type trunk

[WZCWXRMYY_Master – GigabitEthernet1/0/24] port trunk allow – pass all

（8）配置 MSTP，方法如下：

[WZCWXRMYY_Master] stp region – configuration

[WZCWXRMYY_Master – mst – region] region – name RG1

[WZCWXRMYY_Master – mst – region] instance 1 vlan 10

[WZCWXRMYY_Master – mst – region] instance 1 vlan 20

[WZCWXRMYY_Master – mst – region] instance 1 vlan 30

[WZCWXRMYY_Master – mst – region] instance 1 vlan 255

[WZCWXRMYY_Master – mst – region] active region – configuration

[WZCWXRMYY_Master – mst – region] quit

[WZCWXRMYY_Master] stp instance 1 root primary

[WZCWXRMYY_Master] stp enable

6.3.6.3 核心交换机（Backup）配置

（1）配置设备间的网络互联，方法如下：

<HUAWEI> system – view

[HUAWEI] sysname WZCWXRMYY_Backup

[WZCWXRMYY_Backup] vlan batch 10 20 30 254 255 1000 1001

[WZCWXRMYY_Backup] interface gigabitethernet 1/0/23

[WZCWXRMYY_Backup – GigabitEthernet1/0/23] port link – type access

[WZCWXRMYY_Backup – GigabitEthernet1/0/23] port default vlan 1001

（2）配置地址池，方法如下：

［WZCWXRMYY_Backup］ip pool vlan 10

［WZCWXRMYY_Backup－ip－pool－vlan10］gateway－list 172.16.10.254

［WZCWXRMYY_Backup－ip－pool－vlan10］network 172.16.10.0 mask 255.255.255.0

［WZCWXRMYY_Backup－ip－pool－vlan10］excluded－ip－address 172.16.10.252 172.16.10.253

#

［WZCWXRMYY_Backup］ip pool vlan 20

［WZCWXRMYY_Backup－ip－pool－vlan20］gateway－list 172.16.20.254

［WZCWXRMYY_Backup－ip－pool－vlan20］network 172.16.20.0 mask 255.255.255.0

［WZCWXRMYY_Backup－ip－pool－vlan20］excluded－ip－address 172.16.20.252 172.16.20.253

#

［WZCWXRMYY_Backup］ip pool vlan 30

［WZCWXRMYY_Backup－ip－pool－vlan30］gateway－list 172.16.30.254

［WZCWXRMYY_Backup－ip－pool－vlan30］network 172.16.30.0 mask 255.255.255.0

［WZCWXRMYY_Backup－ip－pool－vlan30］excluded－ip－address 172.16.30.252 172.16.30.253

#

（3）配置互联 IP，方法如下：

［WZCWXRMYY_Backup］interface vlanif 1001

［WZCWXRMYY_Backup－Vlanif1001］ip address 172.16.251.1 255.255.255.252

［WZCWXRMYY_Backup－Vlanif1001］quit

［WZCWXRMYY_Backup］interface vlanif 254

［WZCWXRMYY_Backup－Vlanif254］ip address 172.16.254.2 255.255.255.0

［WZCWXRMYY_Backup－Vlanif254］quit

（4）配置 VRRP，方法如下：

［WZCWXRMYY_Backup］interface vlanif 10

［WZCWXRMYY_Backup－Vlanif10］ip address 172.16.10.252

［WZCWXRMYY_Backup－Vlanif10］vrrp vrid 10 virtual－ip 172.16.10.254

［WZCWXRMYY_Backup－Vlanif10］dhcp select global

［WZCWXRMYY_Backup－Vlanif10］quit

［WZCWXRMYY_Backup］interface vlanif 20

［WZCWXRMYY_Backup－Vlanif20］ip address 172.16.20.252

［WZCWXRMYY_Backup－Vlanif20］vrrp vrid 20 virtual－ip 172.16.20.254

［WZCWXRMYY_Backup－Vlanif20］dhcp select global

［WZCWXRMYY_Backup－Vlanif20］quit

［WZCWXRMYY_Backup］interface vlanif 30

［WZCWXRMYY_Backup－Vlanif30］ip address 172.16.30.252

［WZCWXRMYY_Backup－Vlanif30］vrrp vrid 30 virtual－ip 172.16.30.254

〔WZCWXRMYY_Backup – Vlanif30〕dhcp select global

〔WZCWXRMYY_Backup – Vlanif30〕quit

〔WZCWXRMYY_Backup〕interface vlanif 255

〔WZCWXRMYY_Backup – Vlanif255〕ip address 172. 16. 255. 252

〔WZCWXRMYY_Backup – Vlanif255〕vrrp vrid 30 virtual – ip 172. 16. 255. 254

〔WZCWXRMYY_Backup – Vlanif255〕quit

（5）配置 NQA，方法如下：

〔WZCWXRMYY_Backup〕nqa test – instance aa bb

〔WZCWXRMYY_Backup – nqa – aa – bb〕test – type icmp

〔WZCWXRMYY_Backup – nqa – aa – bb〕destination – address ipv4 172. 16. 254. 2

〔WZCWXRMYY_Backup – nqa – aa – bb〕frequency 5

〔WZCWXRMYY_Backup – nqa – aa – bb〕probe – count 1

〔WZCWXRMYY_Backup – nqa – aa – bb〕start now

〔WZCWXRMYY_Backup – nqa – aa – bb〕quit

（6）配置默认路由，方法如下：

〔WZCWXRMYY_Backup〕ip route – static 0. 0. 0. 0 0. 0. 0. 0 192. 168. 251. 2 rack nqa aa bb

〔WZCWXRMYY_Backup〕ip route – static 0. 0. 0. 0 0. 0. 0. 0 192. 168. 254. 1 preference 100

（7）配置 trunk，方法如下：

〔WZCWXRMYY_Backup〕interface gigabitethernet 2/0/1

〔WZCWXRMYY_Backup – GigabitEthernet2/0/1〕port link – type trunk

〔WZCWXRMYY_Backup – GigabitEthernet2/0/1〕port trunk allow – pass all

〔WZCWXRMYY_Backup〕interface gigabitethernet 1/0/24

〔WZCWXRMYY_Backup – GigabitEthernet1/0/24〕port link – type trunk

〔WZCWXRMYY_Backup – GigabitEthernet1/0/24〕port trunk allow – pass all

（8）配置 MSTP，方法如下：

〔WZCWXRMYY_Backup〕stp region – configuration

〔WZCWXRMYY_Backup – mst – region〕region – name RG1

〔WZCWXRMYY_Backup – mst – region〕instance 1 vlan 10

〔WZCWXRMYY_Backup – mst – region〕instance 1 vlan 20

〔WZCWXRMYY_Backup – mst – region〕instance 1 vlan 30

〔WZCWXRMYY_Backup – mst – region〕instance 1 vlan 255

〔WZCWXRMYY_Backup – mst – region〕active region – configuration

〔WZCWXRMYY_Backup – mst – region〕quit

〔WZCWXRMYY_Master〕stp instance 1 root secondary

〔WZCWXRMYY_Master〕stp enable

6.3.6.4 接入交换机（列举）

（1）配置 VLAN，方法如下：

［WZCWXRMYY_MZYF］vlan batch 10 20 30 255

［WZCWXRMYY_MZYF］interface gigabitethernet 0/0/1

［WZCWXRMYY_MZYF－GigabitEthernet0/0/1］port link－type access

［WZCWXRMYY_MZYF－GigabitEthernet0/0/1］port default vlan 10

（2）配置 Trunk，方法如下：

［WZCWXRMYY_MZYF］interface gigabitethernet 1/0/24

［WZCWXRMYY_MZYF－GigabitEthernet1/0/24］port link－type trunk

［WZCWXRMYY_MZYF－GigabitEthernet1/0/24］port trunk allow－pass all

［WZCWXRMYY_MZYF］interface gigabitethernet 1/0/23

［WZCWXRMYY_MZYF－GigabitEthernet1/0/23］port link－type trunk

［WZCWXRMYY_MZYF－GigabitEthernet1/0/23］port trunk allow－pass all

［WZCWXRMYY_MZYF－GigabitEthernet1/0/23］stp instance 1 cost 20000

（3）配置 MSTP，方法如下：

［WZCWXRMYY_MZYF］stp region－configuration

［WZCWXRMYY_MZYF－mst－region］region－name RG1

［WZCWXRMYY_MZYF－mst－region］instance 1 vlan 10

［WZCWXRMYY_MZYF－mst－region］instance 1 vlan 20

［WZCWXRMYY_MZYF－mst－region］instance 1 vlan 30

［WZCWXRMYY_MZYF－mst－region］active region－configuration

［WZCWXRMYY_MZYF－mst－region］quit

［WZCWXRMYY_MZYF］stp enable

［GLL_SW_HX］interface vlanif 255

［GLL_SW_HX－Vlanif1000］ip address 172.16.255.3

［GLL_SW_HX－Vlanif1000］quit

某电力电容器有限责任公司网络工程项目

7.1 项 目 导 入

某电力电容器有限责任公司前身为全民所有制企业——某电力电容器总厂，创建于 1967 年 6 月 1 日。2006 年 9 月，改制为股权结构多元化的公司制企业。企业通过改制引入投资、扩大资本规模，增强了企业实力，公司经营更具活力。公司原为机械工业部直属企业，是国家大型二类公司；我国高压输变电设备制造行业的高压、超高压和特高压电容式电压互感器、耦合电容器、无功补偿及其成套设备两大科研和制造基地之一，全国 500 家大型电力机械及设备制造企业。

随着科技的发展，公司的规模不断扩大，占地面积不断扩大，管理人员的队伍不断扩大。目前的网络结构已经不能满足当前发展的需求，主要表现在网络不稳定、网络抖动现象频发、采用的网络线路连接存在成本高、周期长、不易管理、不宜实施等难题。因此建立一个设计规范、功能完备、性能优良、安全可靠、有良好的扩展性与可用性并且具备可管理易维护的网络及系统平台，以高效率、高速度、低成本的方式提高公司员工的工作效率与执行效率是十分必要的。所以采用高端的计算机、网络设备、软件，以先进、成熟的网络通信技术进行组网及先进的系统集成技术和管理模式，建立一个高效的办公网络体系是该公司迫在眉睫的任务。

7.2 相 关 知 识 点

7.2.1 策略路由

7.2.1.1 概述

策略路由（Policy‐Based Routing，PBR）是一种依据用户制定的策略进行路由选择的机制。通过配置策略路由，可以用于提高网络的安全性能和负载分担。

策略路由可以使数据包按照用户指定的策略进行转发。对于某些管理目的，如 QoS 需求或 VPN 拓扑结构，要求某些路由必须经过特定的路径，就可以使用策略路由。例如，一个策略可以指定从某个网络发出的数据包只能转发到某个特定的接口。

策略路由主要有两种：一种是根据路由的目的地址来进行的策略路由，称为目的地址路由；另一种是根据路由源地址来进行策略实施，称为源地址路由。随着策略路由的发展现在有了第三种路由方式：智能均衡的策略方式。

7.2.1.2 策略路由（Policy‐Based Routing）与路由策略（Routing Policy）的区别

（1）策略路由的操作对象是数据包。

（2）策略路由是在路由表已经产生的情况下，不按照路由表进行转发，而是根据需要，依照某种策略改变数据包转发路径。

（3）路由策略的操作对象是路由信息。

（4）路由策略主要实现了路由过滤和路由属性设置等功能，它通过改变路由属性（包括可达性）来改变网络流量所经过的路径。

（5）传统的路由转发原理是首先根据报文的目的地址查找路由表，然后进行报文转发。但是目前越来越多的用户希望能够在传统路由转发的基础上根据自己定义的策略进行报文转发和选路。

7.2.1.3 策略路由的优点

（1）可以根据用户实际需求制定策略进行路由选择，增强路由选择的灵活性和可控性。

（2）可以使不同的数据流通过不同的链路进行发送，提高链路的利用效率。

（3）在满足业务服务质量的前提下，选择费用较低的链路传输业务数据，从而降低企业数据服务的成本。

7.2.1.4 策略路由的类型

华为 AR 系列支持三种策略路由，具体如下：

（1）本地策略路由。本地策略路由是指仅对本地发送的报文有效的策略路由，对转发的报文不起作用。一条本地策略路由可以配置多个策略点，并且这些策略路由具有不同的优先级，本机发送的报文优先匹配优先级高的策略点。本地策略路由支持 acl 或报文长度匹配规则。

本地路由策略会根据本地策略路由节点的优先级依次匹配各个节点绑定的匹配规则发送报文，如果没有找到本地策略路由节点，则按照 IP 报文的一般流程根据目的地址查找路由。本地策略路由节点优先级顺序为（高到低）：报文优先级→出接口→下一个→缺省出接口。

（2）接口策略路由。仅对转发的报文生效，对本地发送的报文不起作用，且只对接口入方向的报文生效。接口策略路由是通过在流行为中配置重定向实现的。

（3）智能策略路由。智能策略路由（Smart Policy Routing，SPR）可以主动探测链路质量并匹配业务的需求，从而选择一条最优链路转发业务数据，可以有效地避免网络黑洞、网络振荡等问题。此功能需要购买华为 license 授权。智能策略路由是基于业务需求的策略路由，通过匹配链路质量和网络业务对链路质量的需求，实现智能选择。

7.2.1.5 本地策略路由配置

配置策略路由可以将到达接口的转发报文重定向到指定的下一跳地址。通过配置重定向，设备将符合流分类规则的报文重定向到指定的下一跳地址，包含重定向动作的流策略只能在全局、接口或 VLAN 的入方向上应用。

（1）创建策略路由和策略点，方法如下：

［Huawei］policy – based – route 1 deny node 1

（2）设置本地策略匹配规则，方法如下：

［Huawei – policy – based – route – 1 – 1］if – match?

acl   Access control list   ♯根据 IP 报文中的 acl 匹配

packet - length　Match packet length　♯根据 IP 报文长度匹配

〔Huawei - policy - based - route - 1 - 1〕if - match packet - length?

INTEGER<0 - 65535> Minimum packet length　♯最短报文长度

〔Huawei - policy - based - route - 1 - 1〕if - match packet - length 100?

INTEGER<1 - 65535> Maximum packet length　♯最长报文长度

（3）设置报文的出接口，方法如下：

〔Huawei - policy - based - route - 1 - 1〕apply output - interface?　♯直接设定出接口

Serial Serial interface

〔Huawei - policy - based - route - 1 - 1〕apply default output－interface?　♯缺省出接口

Serial Serial interface

♯报文的出接口，匹配成功后将从指定接口发出去。接口不能以太网等广播类型接口（改为 P2P 即可），因为多个下一跳可能导致报文转发不成功。

（4）设置报文的下一跳，方法如下：

〔Huawei - policy - based - route - 1 - 1〕apply ip - address?

default Set default information　♯缺省下一跳,仅对在路由表中未查到的路由报文起作用

next - hop Next hop address　♯直接设定下一跳

（5）设置 VPN 转发实例，方法如下：

〔Huawei - policy - based - route - 1 - 1〕apply access - vpn vpn - instance ?

STRING<1 - 31> VPN instance name

（6）设置 IP 报文优先级，方法如下：

〔Huawei - policy - based - route - 1 - 1〕apply ip - precedence?

INTEGER<0－7>　　　　　　IP precedence value

critical　　　　　　Set packet precedence to critical(5)(关键)

flash　　　　　　Set packet precedence to flash(3)(闪速)

flash－override　　　　Set packet precedence to flash override(4)(疾速)

immediate　　　　Set packet precedence to immediate(2)(快速)

internet　　　　　Set packet precedence to Internet control(6)(网间)

network　　　　　Set packet precedence to network control(7)(网内)

priority　　　　　Set packet precedence to priority(1)(优先)

routine　　　　　Set packet precedence to routine(0)(普通)

（7）设置本地策略路由刷新 LSP 信息时间间隔，方法如下：

〔Huawei〕ip policy - based - route refresh - time?

INTEGER<1000 - 65535> Refresh time value(ms)

<cr>

（8）应用本地策略路由，方法如下：

〔Huawei〕ip local policy - based - route ?

STRING<1-19> Policy name

♯一台路由器只能使用一个本地策略路由(可以创建多条)

7.2.1.6　接口策略路由配置

（1）设置流分类，方法如下：

[Huawei]traffic classifier test1 operator ?　　♯逻辑运算符

and Rule of matching all of the statements　　♯与关系

or Rule of matching one of the statements　　♯或关系

（2）设置分类匹配规则，方法如下：

[Huawei-classifier-test1]if-match?

8021p	Specify vlan 802.1p to match
acl	Specify ACL to match
any	Specify any data packet to match
app-protocol	Specify app-protocol to match
cvlan-8021p	Specify inner vlan 802.1p of QinQ packets to match
cvlan-id	Specify inner vlan id of QinQ packets to match.　♯基于内层 VLAN ID 分类匹配规则
destination-mac	Specify destination MAC address to match
dlci	Specify a DLCI to match
dscp	Specify DSCP (DiffServ CodePoint) to match
fr-de	Specify FR DE to match.
inbound-interface	Specify an inbound interface to match
ip-precedence	Specify IP precedence to match
ipv6	Specify IPv6
l2-protocol	Specify layer-2 protocol to match
mpls-exp	Specify MPLS EXP value to match
protocol	Specify ipv4 or ipv6 packets to match
protocol-group	Specify protocol-group to match
pvc	Specify a PVC to match
rtp	Specify RTP port to match
source-mac	Specify source MAC address to match
tcp	Specify TCP parameters to match
vlan-id	Specify a vlan id to match　♯基于外出 VLAN ID

（3）设置流重定向。将符合流分类规则的报文重定向到指定的下一跳或指定接口。只能在接口的入方向应用。

（4）设置流行为名，方法如下：

[Huawei]traffic behavior test 2

[Huawei-behavior-test2]

（5）重定向符合流分类的报文，方法如下：

[Huawei-behavior-test2]redirect?

interface　　Status and configuration about the traffic on the interface　　♯重定向到指定接口(3G 或 dialer)

ip‐nexthop　　Redirect packets to nexthop　♯重定向到下一跳

ipv6‐nexthop　Redirect packets to ipv6 nexthop

....

［Huawei‐behavior‐test2］redirect ip‐nexthop 10.1.1.1 ?

post‐nat　　Post nat

track　　　　Track nqa　♯支持与 NQA 联动

＜cr＞　　　Please press ENTER to execute command

（6）应用流策略，方法如下：

［Huawei］traffic policy test 3　♯设置流策略名

［Huawei‐trafficpolicy‐test3］classifier test1 behavior test 2　♯关联流分类和流行为

［Huawei‐GigabitEthernet0/0/2］traffic‐policy test3 inbound　♯在接口应用(入方向)

7.2.2　端口映射

端口映射就是将外网主机的 IP 地址的一个端口映射到内网中一台机器，提供相应的服务。当用户访问该 IP 的这个端口时，服务器自动将请求映射到对应局域网内部的机器上。内网的一台电脑要上因特网对外开放服务或接收数据，都需要端口映射。

配置代码如下：

［Huawei］interface GigabitEthernet 0/0/0

［Huawei‐GigabitEthernet0/0/0］nat server protocol tcp global 外网 IP 外网端口 inside 内网 IP 内网端口

7.2.3　Eth‐Trunk

一台交换机将这多个接口捆绑，形成一个 Eth‐Trunk 接口，从而实现了增加带宽和提高可靠性的目的。

如图 7.1 所示，Eth‐Trunk 接口连接的链路可以看成是一条点到点的直连链路。

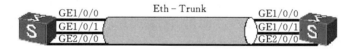

图 7.1　Eth‐Trunk 示意图

Eth‐Trunk 的优势如下：

（1）负载分担。通过 Trunk 接口可以实现负载分担。在一个 Eth‐Trunk 接口内，可以实现流量负载分担。

（2）提高可靠性。当某个成员接口连接的物理链路出现故障时，流量会切换到其他可用的链路上，从而提高整个 Trunk 链路的可靠性。

（3）增加带宽。Eth‐Trunk 接口的总带宽是各成员接口带宽之和。

7.2.4　堆叠

7.2.4.1　堆叠简介

堆叠（Intelligent Stack，简称 iStack），是指将多台支持堆叠特性的交换机设备组合在一起，从逻辑上组合成一台交换设备。如图 7.2 所示，SwitchA 与 SwitchB 通过堆叠线缆连接后组成堆叠 iStack，对于上游设备和下游设备来说，它们就相当于一台交换机 Switch。

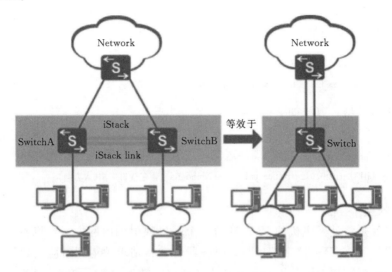

图 7.2　堆叠示意图

通过交换机堆叠，可实现以下效果：

（1）高可靠性。堆叠系统多台成员交换机之间冗余备份；堆叠支持跨设备的链路聚合功能，实现跨设备的链路冗余备份。

（2）强大的网络扩展能力。通过增加成员交换机，可以轻松的扩展堆叠系统的端口数、带宽和处理能力；同时支持成员交换机热插拔，新加入的成员交换机自动同步主交换机的配置文件和系统软件版本。

（3）简化配置和管理。一方面，用户可以通过任何一台成员交换机登录堆叠系统，对堆叠系统所有成员交换机进行统一配置和管理；另一方面，堆叠形成后，不需要配置复杂的二层破坏协议和三层保护倒换协议，简化了网络配置。

7.2.4.2　堆叠术语

堆叠涉及以下几个基本术语：

（1）角色。堆叠中所有的单台交换机都称为成员交换机，按照功能不同，可以分为三种角色：

1）主交换机。主交换机（Master）负责管理整个堆叠。堆叠中只有一台主交换机。

2）备交换机。备交换机（Standby）是主交换机的备份交换机。当主交换机故障时，备交换机会接替原主交换机的所有业务。堆叠中只有一台备交换机。

3）从交换机。从交换机（Slave）主要用于业务转发，从交换机数量越多，堆叠系统的转发能力越强。除主交换机和备交换机外，堆叠中其他所有的成员交换机都是从交换机。

（2）堆叠 ID。堆叠 ID，即成员交换机的槽位号（Slot ID），用来标识和管理成员交换机，堆叠中所有成员交换机的堆叠 ID 都是唯一的。

（3）堆叠优先级。堆叠优先级是成员交换机的一个属性，主要用于角色选举过程中确定成员交换机的角色，优先级值越大表示优先级越高，优先级越高当选为主交换机的可能性越大。

7.2.4.3 堆叠建立过程

堆叠建立的过程包括以下四个阶段。

1. 物理连接

根据网络需求，选择适当的连接方式和连接拓扑，组建堆叠网络。根据连接介质的不同，堆叠可分为堆叠卡堆叠和业务口堆叠。

如图 7.3 所示，每种连接方式都可组成链形和环形两种连接拓扑。表 7.1 从可靠性、链路带宽利用率和组网布线是否方便的角度对两种连接拓扑进行对比。

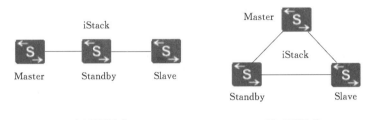

（a）链形连接   （b）环形连接

图 7.3 堆叠连接拓扑

表 7.1 不同连接拓扑的优缺点

连接拓扑	优　　点	缺　　点	适 用 场 景
链形连接	首尾不需要有物理连接，适合长距离堆叠	可靠性低：其中一条堆叠链路出现故障，就会造成堆叠分裂。堆叠链路带宽利用率低：整个堆叠系统只有一条路径	堆叠成员交换机距离较远时，组建环形连接比较困难，可以使用链形连接
环形连接	可靠性高：其中一条堆叠链路出现故障，环形拓扑变成链形拓扑，不影响堆叠系统正常工作。堆叠链路带宽利用率高：数据能够按照最短路径转发	首尾需要有物理连接，不适合长距离堆叠	堆叠成员交换机距离较近时，从可靠性和堆叠链路利用率上考虑，建议使用环形连接

2. 选举主交换机

成员交换机之间相互发送堆叠竞争报文，并根据选举原则，选出堆叠系统主交换机。

确定出堆叠的连接方式和连接拓扑，完成成员交换机之间的物理连接之后，所有成员交换机上电。此时，堆叠系统开始进行主交换机的选举。在堆叠系统中每台成员交换机都有一个确定的角色，其中，主交换机负责管理整个堆叠系统。主交换机选举规则如下（依次从第一条开始判断，直至找到最优的交换机才停止比较）：

（1）运行状态比较。

（2）已经运行的交换机优先处于启动状态的交换机竞争为主交换机。

（3）堆叠主交换机选举超时时间为 20s，堆叠成员交换机上电或重启时，由于不同成员交换机所需的启动时间可能差异比较大，因此不是所有成员交换机都有机会参与主交换机的选举：启动时间与启动最快的成员交换机相比，相差超过 20s 的成员交换机没有机会参与主交换机的选举，只能被动加入堆叠成为非主交换机，加入过程可参见堆叠成员加入与退出。因此，如果希望指定某一成员交换机成为主交换机，则可以先为其上电，待其启动完成后再给其他成员交换机上电。

（4）堆叠优先级高的交换机优先竞争为主交换机。

（5）堆叠优先级相同时，MAC 地址小的交换机优先竞争为主交换机。

3. 拓扑收集和备交换机选举

主交换机收集所有成员交换机的拓扑信息，向所有成员交换机分配堆叠 ID，之后选出堆叠系统备交换机。

主交换机选举完成后，主交换机会收集所有成员交换机的拓扑信息，根据拓扑信息计算出堆叠转发表项和破坏点信息下发给堆叠中的所有成员交换机，并向所有成员交换机分配堆叠 ID。之后进行备交换机的选举，作为主交换机的备份交换机。除主交换机外最先完成设备启动的交换机优先被选为备份交换机。当除主交换机外其他交换机同时完成启动时，备交换机的选举规则如下（依次从第一条开始判断，直至找到最优的交换机才停止比较）：

（1）堆叠优先级最高的设备成为备交换机。

（2）堆叠优先级相同时，MAC 地址最小的成为备交换机。

（3）除主交换机和备交换机之外，剩下的其他成员交换机作为从交换机加入堆叠。

4. 稳定运行

主交换机将整个堆叠系统的拓扑信息同步给所有成员交换机，成员交换机同步主交换机的系统软件和配置文件，之后进入稳定运行状态。

角色选举、拓扑收集完成之后，所有成员交换机会自动同步主交换机的系统软件和配置文件：

（1）堆叠具有自动加载系统软件的功能，待组成堆叠的成员交换机不需要具有相同软件版本，只需要版本间兼容即可。当备交换机或从交换机与主交换机的软件版本不一致时，备交换机或从交换机会自动从主交换机下载系统软件，然后使用新系统软件重启，并重新加入堆叠。

（2）堆叠具有配置文件同步机制，备交换机或从交换机会将主交换机的配置文件同步到本设备并执行，以保证堆叠中的多台设备能够像一台设备一样在网络中工作，并且在主交换机出现故障之后，其余交换机仍能够正常执行各项功能。

7.2.4.4　堆叠登录与访问

堆叠建立后，多台成员交换机组成一台虚拟设备存在于网络中，堆叠系统的接口编号规则以及登录与访问的方式都发生了变化。

1. 堆叠接口编号规则

堆叠系统的接口编号采用堆叠 ID 作为标识信息，所有成员交换机的堆叠 ID 都是唯一的。

对于单台没有运行堆叠的设备，接口编号采用：槽位号/子卡号/端口号（槽位号统一取值为 0）。设备加入堆叠后，接口编号采用：堆叠 ID/子卡号/端口号。

例如，设备没有运行堆叠时，某个接口的编号为GigabitEthernet0/0/1；当该设备加入堆叠后，如果堆叠ID为2，则该接口的编号将变为GigabitEthernet2/0/1。对于管理网口，无论系统是否运行堆叠以及运行堆叠后堆叠ID是多少，接口的编号均为MEth 0/0/1。

子卡号与端口号的编号规则与单机状态下一致。如果设备曾加入过堆叠，在退出堆叠后，仍然会使用组成堆叠时的堆叠ID作为自身的槽位号。

2. 堆叠系统的登录

登录堆叠系统的方式如下：

本地登录：通过任意成员交换机的Console口登录。

远程登录：通过任意成员交换机的管理网口或其他三层接口登录。只要保证到堆叠系统的路由可达，就可以使用Telnet、Stelnet、Web以及SNMP等方式进行远程登录。

有管理网口的设备组建堆叠后，在系统运行阶段，只有一台成员交换机的管理网口生效，称为主用管理网口。堆叠系统启动后默认选取主成员交换机的管理网口为主用管理网口，若主成员交换机的管理网口异常或不可用，则选取其他成员交换机的管理网口为主用管理网口。如果通过PC机直连到非主用管理网口，则无法正常登录堆叠系统。

堆叠建立后，竞争为主的交换机的配置文件生效。如果远程登录堆叠，需要主交换机的IP地址。

不管通过哪台成员交换机登录到堆叠系统，实际登录的都是主交换机。主交换机负责将用户的配置下发给其他成员交换机，统一管理堆叠系统中所有成员交换机的资源。

3. 堆叠文件系统的访问

文件系统的访问包括对存储器中文件和目录的创建、删除、修改以及文件内容的显示等。设备支持的存储器为Flash。

通过drive＋path＋filename这种格式，指定到某路径下的文件名。其中，drive指设备中的存储器；path指存储器中的目录以及子目录；filename指文件名。

堆叠环境与单机环境的不同点在于drive的命名：flash指堆叠系统中主交换机Flash存储器的根目录；堆叠ID♯flash指堆叠系统中某成员交换机Flash存储器的根目录。例如，slot2♯flash指堆叠ID为2的成员交换机Flash存储器的根目录。

7.2.4.5 堆叠跨设备链路聚合

堆叠支持跨设备链路聚合技术，通过配置跨设备Eth-Trunk接口实现。用户可以将不同成员交换机上的物理以太网端口配置成一个聚合端口连接到上游或下游设备上，实现多台设备之间的链路聚合。当其中一条聚合的链路故障或堆叠中某台成员交换机故障时，Eth-Trunk接口能够将流量重新分布到其他聚合链路上，实现了链路间和设备间的备份，保证了数据流量的可靠传输。

如图7.4所示，流向网络核心的流量将均匀分布在聚合链路上，当某一条聚合链路失效时，Eth-Trunk接口将流量通过堆叠线缆重新分布到其他聚合链路上，实现了链路间的备份。

如图7.5所示，流向网络核心的流量将均匀分布在聚合链路上，当某台成员交换机故障时，Eth-Trunk 接口将流量重新分布到其他聚合链路上，实现了设备间的备份。

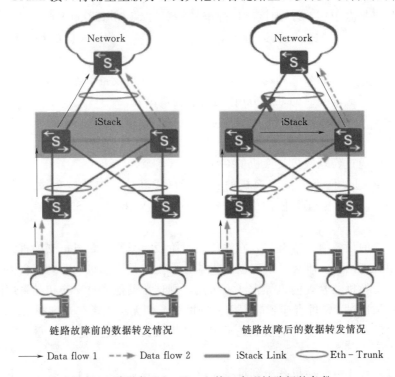

图 7.4　跨设备 Eth-Trunk 接口实现链路间的备份

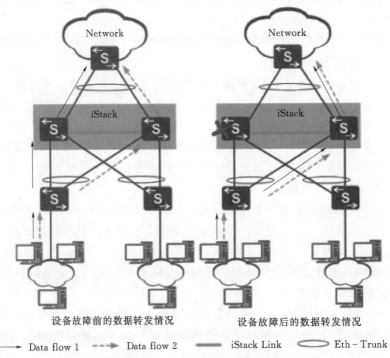

图 7.5　跨设备 Eth-Trunk 接口实现设备间的备份

7.2.5 边缘端口

边缘端口是指不直接与任何交换机连接，也不通过端口所连接的网络间接与任何交换机相连的端口。可以通过下面途径来配置端口为边缘端口或者非边缘端口。用户如果将某个端口指定为边缘端口，那么当该端口由堵塞状态向转发状态迁移时，这个端口可以实现快速迁移，而无需等待延迟时间。用户只能将与终端连接的端口设置为边缘端口。该参数对所有生成树实例有效，也就是说，当端口被配置为边缘端口或非边缘端口时，该端口在所有生成树实例上都被设置为边缘端口或非边缘端口。

7.3 项 目 实 施

7.3.1 项目需求

（1）ISP 运营商出口数量两个，一个为静态 IP 形式，一个为 PPPoE 拨号。

（2）要求服务器流量通过静态 IP 地址出口上网，并对相对应的内网服务器进行地址映射，从而使外出人员可以访问内部资源。其他业务网段通过 PPPoE 拨号上网。

（3）接入设备采用环形堆叠。

（4）PC 机获取地址时间应当控制在 30s 之内。

7.3.2 设备清单

本项目用到的网络设备包含核心交换机、接入交换机和路由器，设备的型号和数量见表 7.2。

表 7.2 网 络 设 备 清 单

序号	设备型号	数量	功　能	备　注
1	AR3260	1	出口路由器	
2	S7706	1	核心交换机	
3	S5700－28P－LI－AC	30	接入交换机	含堆叠线缆
4	S5700－52P－LI－AC	20	接入交换机	含堆叠线缆

7.3.3 项目拓扑

本项目的网络拓扑结构，如图 7.6 所示。

7.3.4 配置思路

采用如下的思路配置：

（1）在拨号接口下配置 CHAP 认证，实现设备通过 PPP 认证与 PPPoE Server 建立连接。

（2）配置拨号方式为自动拨号方式，连接断开后，每隔一段时间设备会自动再次尝试建立拨号连接。

（3）分别对条出口线路做 NAT 地址转换，使用 ACL 进行源地址的匹配。

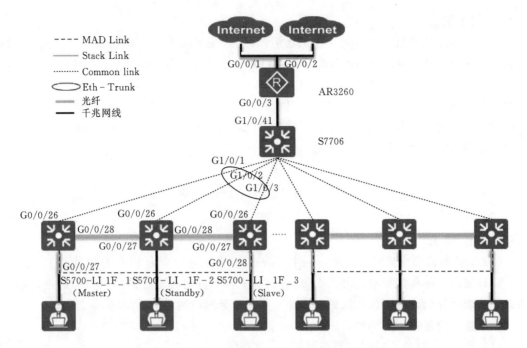

图 7.6　某电力电容器有限责任公司网络拓扑结构图

（4）路由配置策略路由，实现流量分流。

（5）核心配置 DHCP，实现终端用户自动获取 IP 地址。

（6）通过业务口连接方式组建堆叠时，为了能够在堆叠的成员交换机之间转发数据报文，需要配置逻辑堆叠端口，并添加物理成员端口。

（7）为方便用户管理和识别设备，配置成员交换机的堆叠 ID 和优先级。

（8）将 S5700 - LI _ 1F _ 1、S5700 - LI _ 1F _ 2、S5700 - LI _ 1F _ 3 下电，使用 SFP＋堆叠电缆连接各物理成员端口后再上电。

（9）为提高可靠性、增加上行链路带宽，配置跨设备 Eth - Trunk。

（10）为有效避免堆叠分裂时网络不可用，配置代理方式多主检测。

（11）开启边缘端口，防止端口 UP＆DOWN 触发 STP 的计算。

7.3.5　相关信息规划

7.3.5.1　核心交换机

核心交换机信息规划见表 7.3。

表 7.3　　　　　　　　　　　　核心交换机信息规划表

序号	使用部门	VLAN 号	IP 地址	掩码	备注
1	生产部	10	10.10.10.1	255.255.255.0	
2	销售部	11	10.10.20.1	255.255.255.0	
3	财务部	12	10.10.30.1	255.255.255.0	
4	安保部	13	10.10.40.1	255.255.255.0	

续表

序号	使用部门	VLAN 号	IP 地址	掩 码	备 注
5	服务器	100	10.10.100.1	255.255.255.0	
6	管理	255	10.10.255.1	255.255.255.0	
7	互联	1000	10.10.250.1	255.255.255.252	与路由器互联

7.3.5.2 出口路由器

出口路由器信息规划见表 7.4。

表 7.4 出口路由器信息规划表

序号	接口	IP 地址	掩 码	备 注
1	G0/0/3	10.10.250.2	255.255.255.252	与核心交换机互联

7.3.5.3 ISP 出口规划

ISP 出口信息规划见表 7.5。

表 7.5 ISP 出口信息规划表

序号	接口	IP 地址	掩 码	网关	备 注
1	G0/0/1	1.1.1.46	255.255.255.240	1.1.1.33	静态 IP 地址
2	G0/0/2	账号：gxsdxy	密码：123456		PPPoE 拨号

7.3.6 操作步骤

7.3.6.1 出口设备配置

（1）PPPoE 拨号。

1）配置 Dialer 接口，方法如下：

```
＜Huawei＞ system－view
［Huawei］ sysname BYDQ_AR3260
［BYDQ_AR3260］ interface dialer 0
［BYDQ_AR3260－Dialer1］ ppp pap local－user gxsdxy password simple 123456
［BYDQ_AR3260－Dialer1］ dialer bundle 1
［BYDQ_AR3260－Dialer1］ dialer－group 1
［BYDQ_AR3260－Dialer1］ ip address ppp－negotiate
［BYDQ_AR3260－Dialer1］ tcp adjust－mss 1220
［BYDQ_AR3260－Dialer1］ quit
```

注意：PPPoE 侧接口 MTU 值为 1492 字节，当从这个接口上送的三层转发报文大于 MTU 值且报文被设置为不可分片时就会导致报文无法发送出去，出现用户上网网速慢的情形。此时可以在拨号口下配置 tcp adjust－mss value 命令修改 TCP 协商阶段协商出的 MSS（Max Segment Size）的大小，使报文长度小于拨号口的 MTU 值，保证报文能被正常处理，解决上网网速慢的问题。

2）建立 PPPoE 会话，方法如下：

［BYDQ_AR3260］interface gigabitethernet 0/0/2

［BYDQ_AR3260 – GigabitEthernet0/0/2］pppoe – client dial – bundle – number 1

［BYDQ_AR3260 – GigabitEthernet0/0/2］quit

（2）配置局域网用户通过 NAT 转换将私网地址转换为公网地址，进行拨号上网，方法如下：

［BYDQ_AR3260］acl number 3002

［BYDQ_AR3260 – acl – adv – 3002］rule 5 permit ip source 10.10.10.0 0.0.0.255

［BYDQ_AR3260 – acl – adv – 3002］rule 10 permit ip source 10.10.20.0 0.0.0.255

［BYDQ_AR3260 – acl – adv – 3002］rule 15 permit ip source 10.10.30.0 0.0.0.255

［BYDQ_AR3260 – acl – adv – 3002］rule 20 permit ip source 10.10.40.0 0.0.0.255

［BYDQ_AR3260 – acl – adv – 3002］quit

［BYDQ_AR3260］interface dialer 1

［BYDQ_AR3260 – Dialer1］nat outbound 3002

［BYDQ_AR3260 – Dialer1］quit

（3）配置到 PPPoE Server 的静态路由，方法如下：

［BYDQ_AR3260］ip route – static 0.0.0.0 0 dialer 1

［BYDQ_AR3260］quit

（4）配置静态接口，方法如下：

［BYDQ_AR3260］interface gigabitethernet 0/0/1

［BYDQ_AR3260 – GigabitEthernet0/0/2］ip address 1.1.1.46 255.255.255.240

（5）配置局域网用户（服务器地址段）通过 NAT 转换将私网地址转换为公网地址，进行拨号上网，方法如下：

［BYDQ_AR3260］acl number 3003

［BYDQ_AR3260 – acl – adv – 3003］rule 5 permit ip source 10.10.100.0 0.0.0.255

［BYDQ_AR3260］interface gigabitethernet 0/0/1

［BYDQ_AR3260 – GigabitEthernet0/0/1］nat outbound 3003

［BYDQ_AR3260 – GigabitEthernet0/0/1］quit

（6）地址映射，方法如下：

［BYDQ_AR3260］interface gigabitethernet 0/0/1

［BYDQ_AR3260 – GigabitEthernet0/0/1］nat server protocol tcp global current – interface 8081 inside 10.10.100.100 8081

（7）策略路由。由于静态 IP 出口没有配置默认路由，从而导致服务器地址段会走 PPPoE 拨号默认路由出去，所以应采用策略路由来指导服务器流量的转发。

1）配置流分类。在 Router 上创建流分类 vlan 100 分别匹配目的地址为 10.10.100.0/24e 网段的报文，方法如下：

［BYDQ_AR3260］traffic classifier vlan 100

［BYDQ_AR3260 - classifier - vlan10］if - match acl 3003

［BYDQ_AR3260 - classifier - vlan10］quit

2）配置流行为，方法如下：

［BYDQ_AR3260］traffic behavior vlan 100

［BYDQ_AR3260 - behavior - vlan100］redirect ip - nexthop 1. 1. 1. 33

［BYDQ_AR3260 - behavior - vlan100］quit

3）配置流策略并应用到接口上，方法如下：

［BYDQ_AR3260］traffic policy vlan 100

［BYDQ_AR3260 - trafficpolicy - vlan100］classifier vlan 10 behavior vlan 100

［BYDQ_AR3260 - trafficpolicy - vlan100］quit

4）将流策略 vlan10 应用到接口 GE0/0/3 入方向（内网接口），方法如下：

［BYDQ_AR3260］interface gigabitethernet 0/0/3

［BYDQ_AR3260 - GigabitEthernet0/0/3］traffic - policy vlan 100 inbound

［BYDQ_AR3260 - GigabitEthernet0/0/3］quit

思考：为什么不直接配置两个默认路由而采用策略的方式进行路由选择呢？

（8）配置静态路由。配置静态路由，使得内部流量可以回到核心交换机，方法如下：

［BYDQ_AR3260］ip route - static 10. 10. 0. 0 0. 0. 255. 255 10. 10. 250. 2

［BYDQ_AR3260］quit

7.3.6.2 核心交换机设备配置

（1）启用使能 DHCP 服务，方法如下：

＜HUAWEI＞system - view

［HUAWEI］sysname BYDQ_S7706

［BYDQ_S7706］dhcp enable

（2）配置 VLANIF 接口 IP 地址，方法如下：

［BYDQ_S7706］interface vlanif 10

［BYDQ_S7706 - Vlanif10］ip address 10. 10. 10. 1 24

［BYDQ_S7706 - Vlanif10］description to_ShengChanBu

［BYDQ_S7706 - Vlanif10］quit

［BYDQ_S7706］interface vlanif 20

［BYDQ_S7706 - Vlanif20］description to_XiaoShouBu

［BYDQ_S7706 - Vlanif20］ip address 10. 10. 20. 1 24

［BYDQ_S7706 - Vlanif20］quit

［BYDQ_S7706］interface vlanif 30

［BYDQ_S7706 - Vlanif30］ip address 10. 10. 30. 1 24

［BYDQ_S7706 - Vlanif30］description to_CaiWuBu

［BYDQ_S7706 - Vlanif30］quit

［BYDQ_S7706］interface vlanif 40

［BYDQ_S7706 - Vlanif40］ip address 10. 10. 40. 1 24

［BYDQ_S7706 - Vlanif40］description to_AnBaoBu

［BYDQ_S7706 - Vlanif40］quit

［BYDQ_S7706］interface vlanif 100

［BYDQ_S7706 - Vlanif100］ip address 10. 10. 100. 1 24

［BYDQ_S7706 - Vlanif100］description to_Server

［BYDQ_S7706 - Vlanif100］quit

［BYDQ_S7706］interface vlanif 255

［BYDQ_S7706 - Vlanif255］ip address 10. 10. 255. 1 24

［BYDQ_S7706 - Vlanif255］description to_Manager

［BYDQ_S7706 - Vlanif255］quit

［BYDQ_S7706］interface vlanif 1000

［BYDQ_S7706 - Vlanif1000］ip address 10. 10. 252. 2 30

［BYDQ_S7706 - Vlanif1000］description to_AR2360

［BYDQ_S7706 - Vlanif1000］quit

（3）配置接口地址池，方法如下：

［BYDQ_S7706］interface vlanif 10

［BYDQ_S7706 - Vlanif10］dhcp select interface

［BYDQ_S7706 - Vlanif10］dhcp server dns - list 202. 103. 224. 68

［BYDQ_S7706 - Vlanif10］quit

［BYDQ_S7706］interface vlanif 20

［BYDQ_S7706 - Vlanif20］dhcp select interface

［BYDQ_S7706 - Vlanif20］dhcp server dns - list 202. 103. 224. 68

［BYDQ_S7706 - Vlanif20］quit

［BYDQ_S7706］interface vlanif 30

［BYDQ_S7706 - Vlanif30］dhcp select interface

［BYDQ_S7706 - Vlanif30］dhcp server dns - list 202. 103. 224. 68

［BYDQ_S7706 - Vlanif30］quit

［BYDQ_S7706］interface vlanif 40

［BYDQ_S7706 - Vlanif40］dhcp select interface

［BYDQ_S7706 - Vlanif40］dhcp server dns - list 202. 103. 224. 68

［BYDQ_S7706 - Vlanif40］quit

（4）配置与出口路由器互联接口，方法如下：

［BYDQ_S7706］interface gigabitethernet 1/0/41

［BYDQ_S7706 - GigabitEthernet1/0/41］port link - type access

［SW2 - GigabitEthernet1/0/41］port default vlan 1000

［SW2 - GigabitEthernet1/0/41］quit

（5）配置默认路由，方法如下：

［BYDQ_S7706］ip route - static 0.0.0.0 0.0.0.0 10.10.250.1

（6）配置 ETH - Trunk，方法如下：

［BYDQ_S7706］interface eth - trunk 1

［BYDQ_S7706 - Eth - Trunk1］trunkport gigabitethernet 1/0/1 to 1/0/3

［BYDQ_S7706 - Eth - Trunk1］port trunk allow - pass vlan 10 20 30 40 255

［BYDQ_S7706 - Eth - Trunk1］quit

（7）配置代理方式多主检测，BYDQ _ S7706 做代理设备。

♯ 在代理设备 SwitchD 上,配置 eth - trunk 的代理功能

［BYDQ_S7706］interface eth - trunk 11

［BYDQ_S7706 - Eth - Trunk1］mad relay

［BYDQ_S7706 - Eth - Trunk1］return

7.3.6.3　接入交换机配置

（1）堆叠。

1）配置逻辑堆叠端口并加入物理成员端口，方法如下：

♯ 配置 S5700 - LI_1F_1 的业务口 GigabitEthernet0/0/27、GigabitEthernet0/0/28 为物理成员端口,并加入到相应的逻辑堆叠端口

＜HUAWEI＞ system - view

［HUAWEI］sysname S5700 - LI_1F_1

［S5700 - LI_1F_1］interface stack - port 0/1

［S5700 - LI_1F_1 - stack - port0/1］port interface gigabitethernet 0/0/27 enable

Warning：Enabling stack function may cause configuration loss on the interface. Continue? ［Y/N］:y

Info：This operation may take a few seconds. Please wait.

［S5700 - LI_1F_1 - stack - port0/1］quit

［S5700 - LI_1F_1］interface stack - port 0/2

［S5700 - LI_1F_1 - stack - port0/2］port interface gigabitethernet 0/0/28 enable

Warning：Enabling stack function may cause configuration loss on the interface. Continue? ［Y/N］:y

Info：This operation may take a few seconds. Please wait.

［S5700 - LI_1F_1 - stack - port0/2］quit

♯ 配置 S5700 - LI_1F_2 的业务口 GigabitEthernet0/0/27、GigabitEthernet0/0/28 为物理成员端口,并加入到相应的逻辑堆叠端口

＜HUAWEI＞ system - view

［HUAWEI］sysname S5700 - LI_1F_2

［S5700 - LI_1F_2］interface stack - port 0/1

［S5700 - LI_1F_2 - stack - port0/1］port interface gigabitethernet 0/0/27 enable

Warning：Enabling stack function may cause configuration loss on the interface. Continue? ［Y/N］:y

Info：This operation may take a few seconds. Please wait.

［S5700 - LI_1F_2 - stack - port0/1］quit

［S5700 - LI_1F_2］interface stack - port 0/2

［S5700 - LI_1F_2 - stack - port0/2］port interface gigabitethernet 0/0/28 enable

Warning：Enabling stack function may cause configuration loss on the interface. Continue?［Y/N］:y

Info：This operation may take a few seconds. Please wait.

［S5700 - LI_1F_2 - stack - port0/2］quit

♯ 配置 S5700 - LI_1F_3 的业务口 GigabitEthernet0/0/27、GigabitEthernet0/0/28 为物理成员端口,并加入到相应的逻辑堆叠端口

＜HUAWEI＞ system - view

［HUAWEI］sysname S5700 - LI_1F_3

［S5700 - LI_1F_3］interface stack - port 0/1

［S5700 - LI_1F_3 - stack - port0/1］port interface gigabitethernet 0/0/27 enable

Warning：Enabling stack function may cause configuration loss on the interface. Continue?［Y/N］:y

Info：This operation may take a few seconds. Please wait.

［S5700 - LI_1F_3 - stack - port0/1］quit

［S5700 - LI_1F_3］interface stack - port 0/2

［S5700 - LI_1F_3 - stack - port0/2］port interface gigabitethernet 0/0/28 enable

Warning：Enabling stack function may cause configuration loss on the interface. Continue?［Y/N］:y

Info：This operation may take a few seconds. Please wait.

［S5700 - LI_1F_3 - stack - port0/2］quit

2）配置堆叠 ID 和堆叠优先级，方法如下：

［S5700 - LI_1F_1］stack slot 0 priority 200　♯ 配置 S5700 - LI_1F_1 的堆叠优先级为200

Warning：Please do not frequently modify Priority because it will make the stack split. Continue?［Y/N］:y

［S5700 - LI_1F_2］stack slot 0 renumber 1　♯ 配置 S5700 - LI_1F_2 的堆叠 ID 为1。

Warning：All the configurations related to the slot ID will be lost after the slot ID is modified.

Please do not frequently modify slot ID because it will make the stack split. Continue?［Y/N］:y

Info：Stack configuration has been changed，and the device needs to restart to make the configuration effective.

［S5700 - LI_1F_3］stack slot 0 renumber 2　♯配置 S5700 - LI_1F_3 的堆叠 ID 为2。

Warning：All the configurations related to the slot ID will be lost after the slot ID is modified.

Please do not frequently modify slot ID because it will make the stack split. Continue?［Y/N］:y

Info：Stack configuration has been changed，and the device needs to restart to make the configuration effective.

3）SwitchA、SwitchB、SwitchC 下电，使用 SFP＋电缆连接后再上电，如图 7.7 所示。

4）配置跨设备 Eth - Trunk，方法如下：

♯ 在堆叠系统创建 eth - trunk,并将上行物理端口设置为 eth - trunk 成员接口

［S5700 - LI_1F］interface eth - trunk 1

［S5700 - LI_1F - Eth - Trunk1］trunkport gigabitethernet 0/0/26

［S5700 - LI_1F - Eth - Trunk1］trunkport gigabitethernet 1/0/26

［S5700 - LI_1F - Eth - Trunk1］trunkport gigabitethernet 2/0/26

［S5700 - LI_1F - Eth - Trunk1］port trunk allow - pass vlan 10 20 30 40 255

［S5700 - LI_1F - Eth - Trunk1］quit

5）配置代理方式多主检测，方法如下：

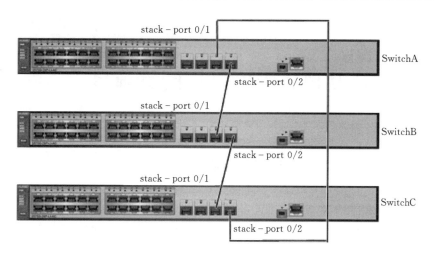

图 7.7　堆叠效果图

♯ 在堆叠系统上，配置跨设备 eth－trunk 的代理方式多主检测功能

[S5700－LI_1F] interface eth－trunk 1

[S5700－LI_1F－Eth－Trunk10] mad detect mode relay

[S5700－LI_1F－Eth－Trunk10] return

6）配置端口 VLAN，并加入到边缘端口，方法如下：

[S5700－LI_1F] interface gigabitethernet 0/0/1

[S5700－LI_1F _S7706－GigabitEthernet0/0/1] port link－type access

[S5700－LI_1F－GigabitEthernet0/0/1] port default vlan 10

[S5700－LI_1F－GigabitEthernet0/0/1] stp edged－port enable

[S5700－LI_1F－GigabitEthernet0/0/1] quit

7）配置管理 IP 地址，方法如下：

[S5700－LI_1F] interface vlanif 255

[S5700－LI_1F－Vlanif255] ip address 10. 10. 255. 2 24

[S5700－LI_1F－Vlanif255] description to_Manager

[S5700－LI_1F－Vlanif255] quit

某地风力发电厂网络项目

8.1 项 目 导 入

随着现代科学技术的发展与进步，依托计算机网络技术成功的应用到了各个领域当中。在风力发电企业的生产管理中运用计算机网络技术能够高效地完成工作，而且能够实时监测生产，并且收集现场进行生产的数据，及时地了解发电厂的运行情况，提高了工作效率。

8.2 相 关 知 识 点

8.2.1 电厂网络相关知识介绍

电厂业务分为综合数据网和调度数据网两大部分。本案例介绍的是调度数据网中的业务配置模式，也是所有电厂中使用最多的模式。电厂网络业务如图 8.1 所示。

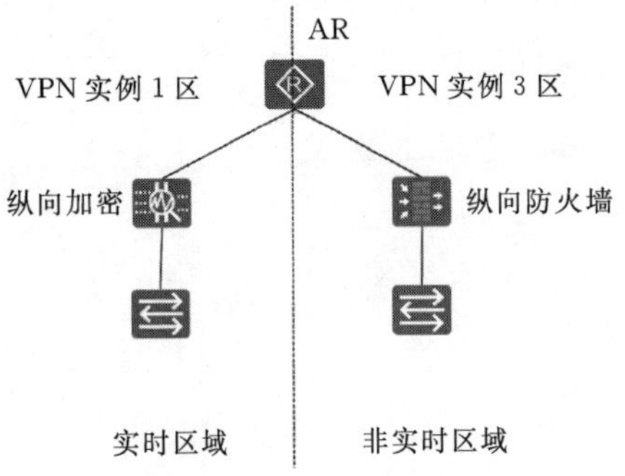

图 8.1 电厂网络业务

调度数据网分为两大区域，即实时区域和非实时区域，实时区域包含了出口路由器，纵向加密装置和实时区域交换机，非实时区域包含出口路由器纵向防火墙和实时区域交换机。

实时区域的业务为：远动装置、计量装置等。

非实时区域业务为：风功率装置、遥测装置等。

本案例主要介绍 AR 设备的相关配置。

8.2.2 多区域 OSPF

8.2.2.1 多区域 OSPF 的优点

在 OSPF 单区域中，每台路由器都要收集其他所有路由器的链路状态信息，如果网路规模不断扩大，链路状态信息也会随之不断地增多，这将使得单台路由器上链路状态数据库非常庞大，导致路由器负担加重，也不便于维护管理。

在一个大型 OSPF 网络中，SPF 算法的反复计算，庞大的路由表和拓扑表的维护以及 LSA 的泛洪等都会占用路由器的资源，因而会降低路由器的运行效率。OSPF 协议可以利用区域的概念来减小这些不利的影响。因为在一个区域内的路由器将不需要了解它们所在区域外的拓扑细节。OSPF 多区域的拓扑结构有以下的优势：①降低 SPF 计算频率；②减小路由表；③降低通告 LSA 的开销；④将不稳定限制在特定的区域。

8.2.2.2 OSPF 路由器类型

当一个 AS 划分成几个 OSPF 区域时，根据一个路由器在相应的区域之内的作用，可以将 OSPF 路由器作如下分类，如图 8.2 所示。

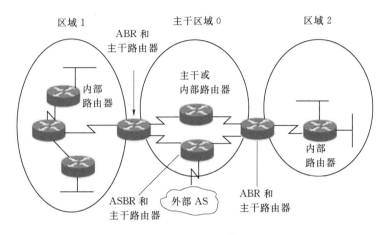

图 8.2　OSPF 路由器类型

（1）内部路由器：OSPF 路由器上所有直连的链路都处于同一个区域。

（2）主干路由器：具有连接区域 0 接口的路由器。

（3）区域边界路由器（ABR）：路由器与多个区域相连。

（4）自治系统边界路由器（ASBR）：与 AS 外部的路由器相连并互相交换路由信息。

8.2.2.3 LSA 类型

一台路由器中所有有效的 LSA 通告都被存放在它的链路状态数据库中，正确的 LSA 通告可以描述一个 OSPF 区域的网络拓扑结构。常见的 LSA 有 6 类，相应的描述见表 8.1。

表 8.1　　　　　　　　　　　　　LSA 类型及相应的描述

类型代码	名称及路由代码	描　　述
1	路由器 LSA（O）	所有的 OSPF 路由器都会产生这种数据包，用于描述路由器上连接到某一个区域的链路或是某一接口的状态信息。该 LSA 只在某一个特定的区域内扩散，而不会扩散至其他的区域
2	网络 LSA（O）	由 DR 产生，只会在包含 DR 所处的广播网络的区域中扩散，不会扩散至其他的 OSPF 区域
3	网络汇总 LSA（O IA）	由 ABR 产生，描述 ABR 和某个本地区域的内部路由器之间的链路信息。这些条目通过主干区域被扩散到其他的 ABR
4	ASBR 汇总 LSA（O IA）	由 ABR 产生，描述到 ASBR 的可达性，由主干区域发送到其他 ABR
5	外部 LSA（O E1 或 E2）	由 ASBR 产生，含有关于自治系统外的链路信息
7	NSSA 外部 LSA（O N1 或 N2）	由 ASBR 产生的关于 NSSA 的信息，可以在 NSSA 区域内扩散，ABR 可以将类型 7 的 LSA 转换为类型 5 的 LSA

8.2.2.4　区域类型

一个区域所设置的特性控制着它所能接收到的链路状态信息的类型。区分不同 OSPF 区域类型的关键在于它们对外部路由的处理方式。OSPF 区域类型如下：

（1）标准区域：可以接收链路更新信息和路由汇总。

（2）主干区域：连接各个区域的中心实体，所有其他的区域都要连接到这个区域上交换路由信息。

（3）末节区域（Stub Area）：不接受外部自治系统的路由信息。

8.2.3　BGP

8.2.3.1　BGP 概述

BGP（Border Gateway Protocol）是一种自治系统间的动态路由发现协议，它的基本功能是在自治系统间自动交换无环路的路由信息，通过交换带有自治系统号（AS）序列属性的路径可达信息，来构造自治区域的拓扑图，从而消除路由环路并实施用户配置的路由策略。与 OSPF 和 RIP 等在自治区域内部运行的协议对应，BGP 是一类 EGP（Exterior Gateway Protocol）协议，而 OSPF 和 RIP 等为 IGP（Interior Gateway Protocol）协议。BGP 协议经常用于 ISP 之间。与 OSPF、RIP 等的内部路由协议不同，其着眼点不在于发现和计算路由，而在于控制路由的传播和选择最好的路由。路由更新时，BGP 只发送增量路由，大大减少了 BGP 传播路由所占用的带宽，适用于在 Internet 上传播大量的路由信息。

8.2.3.2　自治系统

自治系统指由同一个技术管理机构管理、使用统一选路策略的一些路由器的集合。每个自治系统都有唯一的自治系统编号，这个编号是由因特网授权的管理机构分配的。引入自治系统的基本思想：就是通过不同的编号来区分不同的自治系统。这样，当网络管理员不期望自己的通信数据通过某个自治系统时，这种编号方式就十分有用了。或许，该网络管理员的网络完全可以访问这个自治系统，但由于它可能是由竞争对手在管理，或是缺乏足够的安全机制，因此，可能要回避它。通过采用路由协议和自治系统编号，路由器就可以确定彼此间的路径和路由信息的交换方法。

自治系统的编号范围是 $1\sim65535$，其中 $1\sim65411$ 是注册的因特网编号，$65412\sim65535$ 是专用网络编号。

8.2.3.3　BGP 的工作机制

BGP 系统作为应用层协议运行在一个特定的路由器上。系统初启时通过发送整个 BGP 路由表交换路由信息，之后为了更新路由表只交换更新消息（Update Message）。系统在运行过程中，是通过接收和发送 keep-alive 消息来检测相互之间的连接是否正常。

发送 BGP 消息的路由器称为 BGP 发言人（speaker），它不断地接收或产生新路由信息，并将该路由信息宣告给其他 BGP 发言人。当 BGP 发言人收到来自其他自治系统的新路由广告时，如果该路由比当前已知路由好或者当前还没有可接受路由，它就把这个路由广告给自治系统内所有其他的 BGP 发言人。

8.2.3.4　BGP 路由属性

BGP 路由属性是一套参数，它对特定的路由进行了进一步的描述，使得 BGP 能够对路由进行过滤和选择。在配置路由策略时将广泛地使用路由属性，但是不是所有路由属性都要被用上。常见的 BGP 属性如下：

（1）Origin 起点属性：定义路径信息的来源，标记一条路由是怎样成为 BGP 路由的，如 IGP、EGP、Incomplete 等。

（2）As - Path AS 路径属性：路由经过的 AS 的序列，即列出在到达所通告的网络之前所经过的 AS 的清单。BGP 发言者将自己的 AS 前置到接收到的 AS 路径的头部，它可以防止路由循环，并用于路由的过滤和选择。

（3）Next hop 下一跳属性：包含到达更新消息所列网络的下一跳边界路由器的 IP 地址。BGP 的下一跳与 IGP 有所不同，它可以是通告此路由的对等体的地址，如 EBGP，这与 IGP 是相同的。而在其他情况下，BGP 使用第三方的下一跳，如 IBGP 对从 EBGP 对等体获得的下一跳不加改变的在自治系统内传递；在多路访问媒体上，BGP 以路由的实际来源为下一跳，即使它不是 BGP 对等体。

（4）MED（Multi - Exit - Discriminators）属性：当某个 AS 有多个入口时，可以用 MED 属性来帮助其外部的邻居路由器选择一个较好的入口路径。一条路由的 MED 值越小，其优先级越高。

（5）Local - Preference 本地优先属性：本地优先属性用于在自治系统内优选到达某一个目的地的路由，反映了 BGP 发言人对每个外部路由的偏好程度。本地优先属性值越大，路由的优选程度就越高。

（6）Community 团体属性：团体属性标识了一组具有相同特征的路由信息，与它所在的 IP 子网和自治系统无关。公认的团体属性值有：NO - EXPORT、NO - ADVER-TISE、LOCAL - AS 和 INTERNET。

8.2.3.5 BGP 路由选择过程

本地 BGP 路由选择的过程如下：

（1）如果此路由的下一跳不可达，忽略此路由。

（2）选择本地优先级较大的路由。

（3）选择本地路由器始发的路由（本地优先级相同）。

（4）选择 AS 路径较短的路由。

（5）依次选择起点类型为 IGP、EGP、INCOMPLETE 类型的路由。

（6）选择 MED 较小的路由。

（7）选择 RouterID 较小的路由。

8.2.4 MPLS VPN

MPLS VPN 是指采用 MPLS（多协议标记转换）技术在骨干的宽带 IP 网络上构建企业 IP 专网，实现跨地域、安全、高速、可靠的数据、语音、图像多业务通信，并结合差别服务、流量工程等相关技术，将公众网可靠的性能、良好的扩展性、丰富的功能与专用网的安全、灵活、高效结合在一起。

8.2.4.1 MPLS VPN 提出的意义

传统的 IP 数据转发是基于逐跳式的，每个转发数据的路由器都要根据 IP 包头的目的地址查找路由表来获得下一跳的出口，这是个繁琐又效率低下的工作，主要的原因有两个：

（1）有些路由的查询必须对路由表进行多次查找，这就是所谓的递归搜索。

（2）由于路由匹配遵循最长匹配原则，所以迫使几乎所有的路由器的交换引擎必须用软件来实现，用软件实现的交换引擎和 ATM 交换机上用硬件来实现的交换引擎在效率上无法相抗衡。

当今的互联网应用需求日益增多，对带宽、对时延的要求也越来越高。如何提高转发效率，各个路由器生产厂家做了大量的改进工作。但这些修补并不能完全解决目前互联网所面临的问题。IP 和 ATM 曾经是两个互相对立的技术，各个 IP 设备制造商和 ATM 设备制造商都曾努力想"吃掉"对方，IP 想一统天下，ATM 也想一家独秀。但是最终是这两种技术的融合，那就是 MPLS（Multi - Protocol Label Switching）技术，因为 MPLS 技术结合了 IP 技术信令简单和 ATM 交换引擎高效的优点。MPLS 的标签转发，通过事先分配好的标签，为报文建立了一条标签转发通道（LSP），在通道经过的每一台设备出，只需要一次查找，进行快速的标签交换即可。

8.2.4.2　基于 MPLS 的 VPN

VPN 的历史 VPN 服务是很早就提出的概念，不过以前电信提供商提供 VPN 是在传输网上提供的覆盖型的 VPN 服务。电信运营商给用户出租线路。用户上层使用何种的路由协议、路由怎么走等，这些电信运营商不管。这种租用线路来搭建 VPN 的好处是安全，但是价格昂贵，线路资源浪费严重。后来随着 IP 网络的全面铺开，电信服务提供商在竞争的压力下，不得不提供更加廉价的 VPN 服务，也就是三层 VPN 服务。通过提供给用户一个 IP 平台，用户通过 IP Over IP 的封装格式在公网上打隧道，同时也提供了加密等手段提供安全保障。这类 VPN 用户在目前网络上的数量还是相当巨大的。但是这类 VPN 服务因大量的加密工作、传统路由器根据 IP 包头的目的地址转发效率不高等原因不是非常令人满意。MPLS 技术的出现和 BGP 协议的改进，让大家看到了另一种实现 VPN 的曙光。MPLS 是 IP 与 ATM 技术更好的结合，其以短的、固定长度的标签代替 IP 头作为转发依据，提高转发速度，提供了增值业务，同时不损坏效率。

MPLS 结合了网络层的灵活连接和可扩展性，以及 ATM 的标签转发的可靠传输和 QoS 支持多种标准的路由协议，如 BGP、OSPF 等，支持多种标签生成协议，如 LDP、RSVP，支持多种网络层协议，包括 IPv4、IPv6、IPX 等，有效地解决 QoS 问题，具有标签转发的高性能。

部署了 MPLS 的网络最终都以提供具备某些特性的报文转发为其服务形式。对于各种基于 MPLS 的应用而言，具体的 LSR（Label Switching Router，标记转发路由器及具备标记转发特性的路由器）在实施报文转发时所采用的核心转发技术事实上是一致的。具体到一个网络层报文而言，当它第一次进入 MPLS 网络时，首先处理它的那个 LSR 必须根据它的网络层头部信息决定对于它的转发动作，这个转发动作包括给它打上 MPLS 标记和从某个接口转发出去；对于网络内部 LSR 而言，只需要以输入报文中的标记信息为索引查找某个预先建立起来的转发信息表得出转发动作，进而根据这个转发动作进行转发；MPLS 网络中最后一个处理这个报文的 LSR 对这个报文的转发决定就可能包含去掉标记这样的动作。

8.3 项 目 实 施

8.3.1 项目需求

（1）全网使用 OSPF 交互路由器信息。

（2）使用 BGP/MPLS VPN 构建专用的 VPN 网络。

8.3.2 设备清单

本项目主要用到路由器、接入层交换机等设备，具体的设备型号和数量见表 8.2。

表 8.2　　　　　　　　　　　网 络 设 备 清 单 表

序号	设备型号	数量	功　能	备　注
1	AR2240	1	出口路由器	
2	S5700 – 52P – SI – AC	2	接入交换机	

8.3.3 项目拓扑

本项目的网络拓扑结构，如图 8.3 所示。

8.3.4 配置思路

项目采用如下的思路配置：

（1）出口路由器使用 OSPF 交互相关 BGP 所需的地址信息。

（2）组建 VPN1 为实时区域 VPN。

（3）组建 VPN3 为非实时区域 VPN。

（4）电厂侧的网关放置在 AR 设备上。

（5）两条出口优选走 E1 端口，以太网口为备份端口。

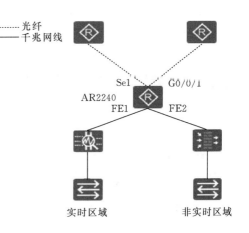

图 8.3　某风力发电厂网络拓扑结构图

8.3.5 相关信息规划

出口路由器相关信息规划见表 8.3～表 8.5。

表 8.3　　　　　　　　　　　出口路由器信息规划表

序号	接口	IP 地址	掩　码	备　注
1	E1	10.15.52.144	255.255.255.252	
2	G0/0/1	10.15.54.144	255.255.255.252	
3	VPN 接口 1	10.66.106.126	255.255.255.192	
4	VPN 接口 3	10.67.106.126	255.255.255.192	
5	本端	10.15.53.141	255.255.255.255	
6	对端 1	10.15.52.1	255.255.255.255	E1
7	对端 2	10.15.52.3	255.255.255.255	G1

表 8.4　　　　　　　　　　　　　　　　OSPF 信息规划表

序号	OSPF ID	area	主备	备注
1	1	52	主	
2	1	54	备	

表 8.5　　　　　　　　　　　　　　　　VPN 信息规划表

序号	AS	RD	RT	备注
1	64600	64600：10	64600：10	VPN1
2	64600	64600：30	64600：30	VPN2

8.3.6　操作步骤

8.3.6.1　出口设备相关配置

（1）外网出口配置 IP 地址，方法如下：

＜Huawei＞ system – view

［Huawei］sysname YCFDC_AR2240

［YCFDC_AR2240］interface gigabitethernet 0/0/1

［YCFDC_AR2240 – GigabitEthernet0/0/1］ip address 10.15.54.144 255.255.255.252

［YCFDC_AR2240］controller E1 1/0/0

［YCFDC_AR2240 – E1 1/0/0］using e1

［YCFDC_AR2240］interface Serial1/0/0：0

［YCFDC_AR2240 – Serial1/0/0：0］link – protocol ppp

［YCFDC_AR2240 – Serial1/0/0：0］ip address 10.15.52.144 255.255.255.252

（2）配置 router ID，方法如下：

［YCFDC_AR2240］interface LoopBack0

［YCFDC_AR2240 – LoopBack0］ip address 10.15.53.141 255.255.255.255

［YCFDC_AR2240 – LoopBack0］ospc cost 1

［YCFDC_AR2240］router id 10.15.53.141

（3）配置 MPSL LDP，方法如下：

［YCFDC_AR2240］mpls lsr – id 10.15.53.141

［YCFDC_AR2240］mpls

［YCFDC_AR2240］mpls ldp

［YCFDC_AR2240］interface gigabitethernet 0/0/1

［YCFDC_AR2240 – GigabitEthernet0/0/1］mpls

［YCFDC_AR2240 – GigabitEthernet0/0/1］mpls ldp

［YCFDC_AR2240］interface Serial1/0/0：0

［YCFDC_AR2240 – Serial1/0/0：0］mpls

［YCFDC_AR2240 – Serial1/0/0：0］mpls ldp

（4）配置 OSPF，方法如下：

［YCFDC_AR2240］ospf 1

［YCFDC_AR2240 – ospf – 1］import – route direct

［YCFDC_AR2240 – ospf – 1］import – route static

［YCFDC_AR2240 – ospf – 1］area 52

［YCFDC_AR2240 – 1 – area – 0. 0. 0. 52］network 10. 15. 52. 112 0. 0. 0. 3

［YCFDC_AR2240 – ospf – 1］area 54

［YCFDC_AR2240 – 1 – area – 0. 0. 0. 54］network 10. 15. 54. 112 0. 0. 0. 3

（5）配置 BGP，方法如下：

［YCFDC_AR2240］ip vpn – instance vpn1

［YCFDC_AR2240 – vpn – instance – vpn1］ipv4 – family

［Huawei – vpn – instance – vpn1 – af – ipv4］route – distinguisher 64600:10

［Huawei – vpn – instance – vpn1 – af – ipv4］vpn – target 64600:10 both

［YCFDC_AR2240］ip vpn – instance vpn3

［YCFDC_AR2240 – vpn – instance – vpn1］ipv4 – family

［YCFDC_AR2240 – vpn – instance – vpn1 – af – ipv4］route – distinguisher 64600:30

［YCFDC_AR2240 – vpn – instance – vpn1 – af – ipv4］vpn – target 64600:30 both

［YCFDC_AR2240］bgp 64600

［YCFDC_AR2240 – bgp］peer 10. 15. 52. 1 as – number 64600

［YCFDC_AR2240 – bgp］peer 10. 15. 52. 1 connect – interface LoopBack0

［YCFDC_AR2240 – bgp］peer 10. 15. 52. 3 as – number 64600

［YCFDC_AR2240 – bgp］peer 10. 15. 52. 3 connect – interface LoopBack0

［YCFDC_AR2240 – bgp］ipv4 – family unicast

［YCFDC_AR2240 – bgp – af – ipv4］import – route static

［YCFDC_AR2240 – bgp］ipv4 – family vpnv4

［YCFDC_AR2240 – bgp – af – vpnv4］policy vpn – target

［YCFDC_AR2240 – bgp – af – vpnv4］peer 10. 15. 52. 1 enable

［YCFDC_AR2240 – bgp – af – vpnv4］peer 10. 15. 52. 3 enable

［YCFDC_AR2240 – bgp］ipv4 – family vpn – instance vpn1

［YCFDC_AR2240 – bgp – vpn1］import – route direct

［YCFDC_AR2240 – bgp – vpn1］import – route static

［YCFDC_AR2240 – bgp］ipv4 – family vpn – instance vpn3

［YCFDC_AR2240 – bgp – vpn3］import – route direct

［YCFDC_AR2240 – bgp – vpn3］import – route static

（6）配置 VPN 业务网关，方法如下：

［YCFDC_AR2240］vlan batch 101 301

［YCFDC_AR2240］interface Vlanif 101

［YCFDC_AR2240 - Vlanif101］ip binding vpn - instance vpn1

［YCFDC_AR2240 - Vlanif101］ip address 10. 66. 106. 126 255. 255. 255. 192

［YCFDC_AR2240］interface Vlanif 301

［YCFDC_AR2240 - Vlanif101］ip binding vpn - instance vpn3

［YCFDC_AR2240 - Vlanif101］ip address 10. 67. 106. 126 255. 255. 255. 192

（7）配置接口 VLAN，方法如下：

［YCFDC_AR2240］interface Ethernet0/0/1

［YCFDC_AR2240 - Ethernet0/0/1］port link - type access

［YCFDC_AR2240 - Ethernet0/0/1］port default vlan 101

［YCFDC_AR2240］interface Ethernet0/0/2

［YCFDC_AR2240 - Ethernet0/0/2］port link - type access

［YCFDC_AR2240 - Ethernet0/0/2］port default vlan 301

参 考 文 献

［1］ 华为技术有限公司. HCNA 网络技术学习指南［M］. 北京：人民邮电出版社，2015.

［2］ 伍玉秀，嵇静婵. 数据交换与路由技术［M］. 北京：机械工业出版社，2017.

［3］ 李健，谭爱平. 网络工程规划与设计案例教程［M］. 北京：高等教育出版社，2015.

［4］ 蒋建峰，刘源. 路由与交换机技术精要与实践［M］. 北京：电子工业出版社，2017.